中华人民共和国住房和城乡建设部

房屋修缮工程消耗量定额

TY 01 –41 –2018

第四册　通风空调工程

中国计划出版社

2018　北　京

图书在版编目（CIP）数据

　　房屋修缮工程消耗量定额 : TY01-41-2018. 第四册,
通风空调工程 / 艾立特工程管理有限公司主编. -- 北京:
中国计划出版社, 2018.12
　　ISBN 978-7-5182-0985-9

　　Ⅰ. ①房… Ⅱ. ①艾… Ⅲ. ①房屋－修缮加固－建筑
预算定额②房屋建筑设备－通风设备－维修－建筑预算定
额③房屋建筑设备－空气调节设备－维修－建筑预算定额
　Ⅳ. ①TU723.34

　　中国版本图书馆CIP数据核字(2018)第285705号

房屋修缮工程消耗量定额
TY 01-41-2018
第四册　通风空调工程
艾立特工程管理有限公司　主编

中国计划出版社出版发行
网址 : www.jhpress.com
地址 : 北京市西城区木樨地北里甲 11 号国宏大厦 C 座 3 层
邮政编码 : 100038　电话 :（010）63906433（发行部）
北京市科星印刷有限责任公司印刷

880mm×1230mm　1/16　8 印张　227 千字
2018 年 12 月第 1 版　2018 年 12 月第 1 次印刷
印数 1—5000 册

ISBN 978-7-5182-0985-9
定价 : 48.00 元

主编部门：中华人民共和国住房和城乡建设部

批准部门：中华人民共和国住房和城乡建设部

施行日期：２０１８ 年 １２ 月 １ 日

住房城乡建设部关于印发
房屋修缮工程消耗量定额的通知

建标〔2018〕79 号

各省、自治区住房城乡建设厅,直辖市建委,国务院有关部门:

为贯彻落实中央城市工作会议精神,服务全国老旧住宅小区综合整治工程,满足工程计价需要,我部组织编制了《房屋修缮工程消耗量定额》(编号为 TY01-41-2018),现印发给你们,自 2018 年 12 月 1 日起执行。执行中遇到的问题和有关建议请及时反馈我部标准定额司。

《房屋修缮工程消耗量定额》由我部标准定额研究所组织中国计划出版社出版发行。

中华人民共和国住房和城乡建设部

2018 年 8 月 28 日

总　说　明

一、《房屋修缮工程消耗量定额》共分七册,包括:

第一册　结构工程

第二册　装饰工程

第三册　给排水、采暖工程

第四册　通风空调工程

第五册　消防工程

第六册　电气工程

第七册　建筑智能化工程

二、《房屋修缮工程消耗量定额》(以下简称本定额)是完成规定计量单位分项工程所需的人工、材料、施工机械台班的消耗量标准,是各地区、部门工程造价管理机构编制房屋修缮工程定额确定消耗量、编制国有投资工程投资估算、设计概算、最高投标限价的依据。

三、本定额适用于一般工业厂房、公共建筑及民用建筑的拆除、维修、改装、安装工程。

四、本定额以国家和有关部门发布的国家现行设计规范、施工及验收规范、技术操作规程、质量评定标准、产品标准和安全操作规程,现行工程量清单计价规范、计算规范和有关定额为依据编制的,并参考了有关地区和行业标准、定额,以及典型工程设计、施工和其他资料。

五、关于人工:

1. 本定额的人工以合计工日表示,并分别列出普工、一般技工和高级技工的工日消耗量。

2. 本定额的人工包括基本用工、超运距用工、辅助用工和人工幅度差。

3. 本定额每工日按 8 小时工作制计算。

六、关于材料:

1. 本定额采用的材料(包括构配件、零件、半成品、成品)均为符合国家质量标准和相应设计要求的合格产品。

2. 本定额中的材料包括施工中消耗的主要材料、辅助材料、周转材料和其他材料。

3. 本定额中材料消耗量包括净用量和损耗量。损耗量包括:从工地仓库、现场集中堆放地点(或现场加工地点)至操作(或安装)地点的施工场内运输损耗、施工操作损耗、施工现场堆放损耗等。

4. 本定额中的周转性材料按不同施工方法,不同类别、材质,计算出一次摊销量进入消耗量定额。

5. 对于用量少、低值易耗的零星材料,列为其他材料。

七、关于机械:

1. 本定额中的机械按常用机械、合理机械配备和施工企业的机械化装备程度,并结合工程实际综合确定。

2. 本定额的机械台班消耗量是按正常机械施工工效并考虑机械幅度差综合取定。

3. 凡单位价值 2000 元以内、使用年限在一年以内的不构成固定资产的施工机械,不列入机械台班消耗量,作为工具用具在建筑安装工程费中的企业管理费考虑,其消耗的燃料动力等列入材料。

八、关于仪器仪表:

1. 本定额的仪器仪表台班消耗量是按正常施工工效综合取定。

2. 凡单位价值 2000 元以内、使用年限在一年以内的不构成固定资产的仪器仪表,不列入仪器仪表台班消耗量。

九、水平和垂直运输除各册另有规定外,均包括:

1. 设备水平运距取定为 100m,材料、成品、半成品取定为 300m。

2.垂直运输基准面:室内以楼地面为垂直基准面,室外以自然地坪为基准面,操作高度综合取定为3.6m,超过部分可以按各册规定单独计算。

十、本定额未考虑施工与生产同时进行、有害身体健康环境中施工时降效增加费,发生时另行计算。

十一、本定额适用于海拔2000m以下地区,超过上述情况时,由各地区、各部门结合高原地区的特殊情况,自行制定调整办法。

十二、本定额注有"××以内"或"××以下"者,均包括××本身;注有"××以外"或"××以上"者,则不包括××本身。

十三、凡本说明未尽事宜,详见各册、章说明和附录。

册 说 明

一、本册定额适用范围。

《通风空调工程》(以下简称本册定额)适用于一般工业厂房、公共建筑及民用建筑的拆除、维修、改装、安装工程。

二、本册定额以国家和有关部门发布的国家现行设计规范、施工及验收规范、技术操作规程、质量评定标准、产品标准和安全操作规程,现行工程量清单计价规范、计算规范和有关定额为依据编制,并参考了有关地区和行业标准、定额,以及典型工程设计、施工和其他资料。

三、有关说明:

1. 本册定额中的材料、设备均以国家合格产品为准,安装操作损耗包括在定额内,如利用旧材料、设备需加工、修理时,按实计算。如果安装用材料与本册定额材料内所列材料的材质不符,可进行调整,但材料、人工数量不变。

2. 本册定额中的风管、风口、风帽、阀门、消音器等规格,除另有注明者外,均以风管(不包括法兰或外框)的直径、长边长或周长计算。

四、下列费用可按系数分别计取:

1. 系统调整费:按系统工程人工费7%计取,其费用中人工费占35%,包括漏风量测试和漏光法测试费用。

2. 脚手架搭拆费按定额人工费的4%计算,其费用中人工费占35%。

3. 建筑物超高增加费:指高度在6层或20m以上的工业与民用建筑物上进行安装时增加的费用(不包括地下室),按下表计算,其费用中人工费占65%。

建筑物超高增加费表

建筑物檐高(m)	≤40	≤60	≤80	≤100	≤120	≤140	≤160	≤180	≤200
建筑层数(层)	≤12	≤18	≤24	≤30	≤36	≤42	≤48	≤54	≤60
按人工费的百分比(%)	2	5	9	14	20	26	32	38	44

五、本册定额中制作与安装的人工、材料、机械比例见下表:

制作与安装的人工、材料、机械比例表

序号	项目名称	制作(%)			安装(%)		
		人工	材料	机械	人工	材料	机械
1	空调部件及设备支架制作与安装	86	98	95	14	2	5
2	镀锌薄钢板法兰通风管道制作与安装	60	95	95	40	5	5
3	镀锌薄钢板共板法兰通风管道制作与安装	40	95	95	60	5	5
4	薄钢板法兰通风管道制作与安装	60	95	95	40	5	5
5	净化通风管道及部件制作与安装	40	85	95	60	15	5
6	不锈钢板通风管道及部件制作与安装	72	95	95	28	5	5

序号	项 目 名 称	制作（%）			安装（%）		
		人工	材料	机械	人工	材料	机械
7	铝板通风管道及部件制作与安装	68	95	95	32	5	5
8	塑料通风管道及部件制作与安装	85	95	95	15	5	5
9	复合型风管制作与安装	60	—	99	40	100	1
10	风帽制作与安装	75	80	99	25	20	1
11	罩类制作与安装	78	98	95	22	2	5

六、本册定额中未考虑大型机械费用，如发生按实计入。

七、通风空调中冷热源大型设备拆除与安装，冷却水、冷冻水管道拆除和安装、除锈刷油、凿洞钻孔剔槽等执行本定额第三册《给排水、采暖工程》相应项目。

八、通风空调设备及部件的电气接线执行本定额第六册《电气工程》相应项目。

九、本说明未尽者，以各章说明为准。

目　录

第一章 通风空调设备、管道及部件拆除

说　明

一、本章内容包括通风空调设备及部件、风管、阀门、风口、风帽、罩类、消声器、挡烟垂壁及保温的拆除。

二、有关说明。

1. 通风管道拆除项目按直径划分圆形风管,按长边长划分矩形风管。

2. 风管拆除包括风管及相关管件、吊、托支架、阀门及保温层等拆除。

3. 保护性拆除指拆除后的主要材料或设备应进行重复使用或利用的拆除,执行相应定额乘以系数1.30。

工程量计算规则

1. 空调器拆除按实际数量计算，以"台"为计量单位。

2. 多联体空调机室外机拆除依据制冷量，按实际数量计算，以"台"为计量单位。

3. 风机盘管拆除按实际数量计算，以"台"为计量单位。

4. 空气幕拆除按实际数量计算，以"台"为计量单位。

5. VAV 变风量末端装置按实际数量计算，以"台"为计量单位。

6. 分段组装式空调器拆除以质量计算，以"kg"为计量单位。

7. 通风机、风机箱拆除按实际数量计算，以"台"为计量单位。

8. 设备支架拆除以质量计算，以"kg"为计量单位。

9. 风管拆除按其展开面积计算，圆形风管按直径、方形风管按长边长不同，以"m²"为单位计算。不扣除检查孔、测定孔、送风口、吸风口等所占面积；风管长度一律以设计图示中心线长度为准（主管与支管以其中心线交点划分），包括弯头、三通、变径管、天圆地方等管件的长度，但不包括部件所占的长度。咬口重叠部分已包括在项目内，不得另行增加。

10. 通风管道拆除适用于无保温风管拆除和保温风管拆除（管道与保温层的整体拆除），如需剥离保温层可套用保温拆除子目。

11. 风口、阀门拆除均按其不同直径（圆形）或周长（矩形）计算，以"个"为单位计算。

12. 风帽拆除，区分材质不同以质量计算，以"kg"为计量单位。

13. 罩类拆除，区分材质不同以质量计算，以"kg"为计量单位。

14. 消声器拆除按其不同周长、型号，以"节"为单位计算。

15. 消声弯头拆除按其不同周长、型号，以"个"为单位计算。

16. 消声静压箱拆除按其不同展开面积，以"个"为单位计算。

17. 挡烟垂壁拆除，以"m²"为单位计算。

18. 保温拆除，以"m³"为单位计算。

一、通风空调设备及部件拆除

1. 空调器拆除

（1）吊顶式、落地式、墙上式空调器拆除

工作内容：包括拆除空调器及设备附件、托吊支架,清理拆除现场,运至指定的地点。　　计量单位:台

定　额　编　号			4-1-1	4-1-2	4-1-3	4-1-4	4-1-5
项　　　　目			吊顶式、墙上式空调器拆除质量（t 以内）		落地式空调器拆除质量（t 以内）		
			0.15	0.4	1	1.5	2.0
名　　　称		单位	消　耗　量				
人工	合计工日	工日	0.769	0.816	5.889	7.482	9.569
	其中	普工	工日	0.384	0.408	2.944	3.741	4.784
		一般技工	工日	0.385	0.408	2.945	3.741	4.785
		高级技工	工日	—	—	—	—	—
材料	砂轮片 综合	片	0.020	0.025	0.035	0.045	0.050
	电	kW·h	0.050	0.100	0.250	0.300	0.400

（2）组合式空调机组拆除

工作内容：包括拆除空调机组及设备附件、托吊支架,清理拆除现场,运至指定的地点。　　计量单位:台

定　额　编　号			4-1-6	4-1-7	4-1-8	4-1-9
项　　　　目			风量（m³/h 以内）			
			4000	10000	20000	30000
名　　　称		单位	消　耗　量			
人工	合计工日	工日	1.827	3.331	5.703	12.289
	其中	普工	工日	0.913	1.665	2.851	6.144
		一般技工	工日	0.914	1.666	2.852	6.145
		高级技工	工日	—	—	—	—
材料	砂轮片 综合	片	0.025	0.035	0.045	0.055
	电	kW·h	0.100	0.250	0.350	0.400

工作内容: 包括拆除空调器及设备附件、托吊支架,清理拆除现场,运至指定的地点。　　　　　计量单位:台

定　额　编　号			4-1-10	4-1-11	4-1-12	4-1-13
项　　　　目			风量（m³/h 以内）			
			40000	60000	80000	100000
名　　　称		单位	消　耗　量			
人工	合计工日	工日	17.349	29.338	41.080	52.100
	其中 普工	工日	8.674	14.669	20.540	26.050
	一般技工	工日	8.675	14.669	20.540	26.050
	高级技工	工日	—	—	—	—
材料	砂轮片 综合	片	0.060	0.070	0.100	0.150
	电	kW·h	0.500	0.600	0.700	.0.750

2. 多联体空调机室外机拆除

工作内容: 包括拆除多联体空调室外机及设备附件、托吊支架,清理拆除现场,
　　　　　　运至指定的地点。　　　　　　　　　　　　　　　　　　　　计量单位:台

定　额　编　号			4-1-14	4-1-15	4-1-16	4-1-17	4-1-18
项　　　　目			制冷量（kW 以内）				
			30	50	90	140	200
名　　　称		单位	消　耗　量				
人工	合计工日	工日	1.682	2.856	4.282	6.425	7.842
	其中 普工	工日	0.841	1.428	2.141	3.212	3.921
	一般技工	工日	0.841	1.428	2.141	3.213	3.921
	高级技工	工日	—	—	—	—	—
材料	砂轮片 综合	片	0.025	0.030	0.040	0.045	0.050
	电	kW·h	0.100	0.150	0.200	0.300	0.400

3. 风机盘管拆除

工作内容:包括拆除风机盘管及托吊支架,清理拆除现场,运至指定的地点。   计量单位:台

定 额 编 号			4-1-19	4-1-20	4-1-21	4-1-22
项　　　　目			落地式	吊顶式	壁挂式	卡式嵌入式
名　　称		单位	消　耗　量			
人工	合计工日	工日	0.309	0.836	0.451	0.920
	其中 普工	工日	0.154	0.418	0.225	0.460
	一般技工	工日	0.155	0.418	0.226	0.460
	高级技工	工日	—	—	—	—
材料	砂轮片 综合	片	0.010	0.015	0.025	0.035
	电	kW·h	0.100	0.200	0.250	0.300

4. 空气幕拆除

工作内容:包括拆除空气幕及托吊支架,清理拆除现场,运至指定的地点。   计量单位:台

定 额 编 号			4-1-23	4-1-24	4-1-25
项　　目			质量(kg以内)		
			150	200	250
名　　称		单位	消　耗　量		
人工	合计工日	工日	1.151	1.246	1.291
	其中 普工	工日	0.575	0.623	0.645
	一般技工	工日	0.576	0.623	0.646
	高级技工	工日	—	—	—
材料	砂轮片 综合	片	0.025	0.035	0.045
	电	kW·h	0.100	0.150	0.200

5. VAV 变风量末端装置、分段组装式空调器拆除

工作内容:包括拆 VAV 变风量末端装置、分段组装式空调器及托吊支架,清理拆除现场,运至指定的
地点。

定 额 编 号				4-1-26	4-1-27
项 目				VAV 变风量末端装置	分段组装式空调器
计 量 单 位				台	100kg
	名 称		单位	消 耗 量	
人工	合计工日		工日	0.558	0.951
	其中	普工	工日	0.279	0.475
		一般技工	工日	0.279	0.476
		高级技工	工日	—	—
材料	砂轮片 综合		片	0.015	0.020
	电		kW·h	0.150	0.200

6. 滤水器、溢水盘拆除

工作内容:拆除滤水器、溢水盘及支吊架,清理拆除现场,运至指定的地点。　　　**计量单位:**100kg

定 额 编 号				4-1-28	4-1-29
项 目				滤水器	溢水盘
	名 称		单位	消 耗 量	
人工	合计工日		工日	6.624	5.534
	其中	普工	工日	3.312	2.767
		一般技工	工日	3.312	2.767
		高级技工	工日	—	—
材料	砂轮片 综合		片	0.025	0.025
	电		kW·h	0.400	0.350

7. 通风机、风机箱拆除

（1）离心通风机拆除

工作内容： 拆除风机及设备附件、托吊支架,清理拆除现场,运至指定的地点。　　计量单位:台

定额编号			4-1-30	4-1-31	4-1-32	4-1-33	4-1-34	4-1-35
项　目			风量（m³/h）					
			4500以内	7000以内	19300以内	62000以内	123000以内	123000以上
名　称		单位	消　耗　量					
人工	合计工日	工日	0.329	1.314	2.865	5.971	10.491	14.731
	其中 普工	工日	0.164	0.657	1.432	2.985	5.245	7.365
	一般技工	工日	0.165	0.657	1.433	2.986	5.246	7.366
	高级技工	工日	—	—	—	—	—	—
材料	砂轮片 综合	片	0.015	0.020	0.025	0.035	0.050	0.070
	电	kW·h	0.100	0.150	0.250	0.400	0.500	0.600

（2）轴流式、斜流式、混流式通风机及屋顶式通风机拆除

工作内容： 拆除风机及设备附件、托吊支架,清理拆除现场,运至指定的地点。　　计量单位:台

定额编号			4-1-36	4-1-37	4-1-38	4-1-39	4-1-40	4-1-41
项　目			风量（m³/h）					
			2760以内	9100以内	25000以内	63000以内	140000以内	140000以上
名　称		单位	消　耗　量					
人工	合计工日	工日	0.398	0.583	0.776	2.600	5.791	8.916
	其中 普工	工日	0.199	0.291	0.388	1.300	2.895	4.458
	一般技工	工日	0.199	0.292	0.388	1.300	2.896	4.458
	高级技工	工日	—	—	—	—	—	—
材料	砂轮片 综合	片	0.015	0.020	0.025	0.035	0.050	0.070
	电	kW·h	0.100	0.120	0.200	0.400	0.500	0.600

（3）风机箱拆除

工作内容： 拆除风机及设备附件、托吊支架，清理拆除现场，运至指定的地点。   计量单位：台

定　额　编　号			4-1-42	4-1-43	4-1-44	4-1-45	4-1-46	4-1-47
项　　　目			风量（m³/h）					
			5000 以内	10000 以内	20000 以内	30000 以内	35000 以内	35000 以上
名　　　称		单位	消　耗　量					
人工	合计工日		工日	1.112	1.262	2.209	3.463	4.858	6.507
	其中	普工	工日	0.556	0.631	1.104	1.731	2.429	3.253
		一般技工	工日	0.556	0.631	1.105	1.732	2.429	3.254
		高级技工	工日	—	—	—	—	—	—
材料	砂轮片 综合		片	0.020	0.020	0.025	0.030	0.035	0.040
	电		kW·h	0.150	0.200	0.300	0.350	0.350	0.400

（4）卫生间通风器拆除

工作内容： 拆除设备及附件、托吊支架，清理拆除现场，运至指定的地点。   计量单位：台

定　额　编　号			4-1-48
项　　　目			卫生间通风器
名　　　称		单位	消　耗　量
人工	合计工日		工日	0.066
	其中	普工	工日	0.033
		一般技工	工日	0.033
		高级技工	工日	—
材料	砂轮片 综合		片	0.030
	电		kW·h	0.350

8. 设备支架拆除

工作内容：拆除支架及固定螺栓等,清理拆除现场,运至指定的地点。　　　　　　计量单位:100kg

定　额　编　号				4-1-49	4-1-50
项　　　目				50kg 以内	50kg 以上
名　　　称			单位	消　耗　量	
人工	合计工日		工日	0.424	0.222
	其中	普工	工日	0.212	0.111
		一般技工	工日	0.212	0.111
		高级技工	工日	—	—
材料	砂轮片 综合		片	0.100	0.100
	电		kW·h	0.900	0.900

二、通风管道拆除

1. 镀锌薄钢板风管拆除（δ≤1.2mm）

工作内容：拆除风管、管件、托吊支架、保温层,清理拆除现场,运至指定地点。　　　　计量单位:10m²

定　额　编　号				4-1-51	4-1-52	4-1-53	4-1-54
项　　　目				直径或长边长（mm 以内）			
				320	450	1000	1250
名　　　称			单位	消　耗　量			
人工	合计工日		工日	1.609	1.171	0.880	0.927
	其中	普工	工日	0.804	0.585	0.440	0.463
		一般技工	工日	0.805	0.586	0.440	0.464
		高级技工	工日	—	—	—	—
材料	砂轮片 综合		片	0.020	0.025	0.035	0.040
	电		kW·h	0.100	0.200	0.250	0.300

2. 镀锌薄钢板风管拆除（δ≤2mm）

工作内容： 拆除风管、管件、托吊支架、保温层，清理拆除现场，运至指定地点。　　　　计量单位：10m²

定　额　编　号			4-1-55	4-1-56	4-1-57	4-1-58	4-1-59	4-1-60
项　　　目			直径或长边长（mm 以内）					
			320	450	1000	1250	2000	4000
名　　　称		单位	消　耗　量					
人工	合计工日	工日	3.272	2.150	1.518	1.470	1.328	1.122
	其中 普工	工日	1.636	1.075	0.759	0.735	0.664	0.561
	其中 一般技工	工日	1.636	1.075	0.759	0.735	0.664	0.561
	其中 高级技工	工日	—	—	—	—	—	—
材料	砂轮片 综合	片	0.020	0.025	0.035	0.040	0.050	0.070
	电	kW·h	0.100	0.200	0.250	0.300	0.400	0.550

3. 镀锌薄钢板风管拆除（δ≤3mm）

工作内容： 拆除风管、管件、托吊支架、保温层，清理拆除现场，运至指定地点。　　　　计量单位：10m²

定　额　编　号			4-1-61	4-1-62	4-1-63	4-1-64	4-1-65
项　　　目			直径或长边长（mm 以内）				
			320	450	1000	1250	2000
名　　　称		单位	消　耗　量				
人工	合计工日	工日	3.828	2.258	1.720	1.680	1.558
	其中 普工	工日	1.914	1.129	0.860	0.840	0.779
	其中 一般技工	工日	1.914	1.129	0.860	0.840	0.779
	其中 高级技工	工日	—	—	—	—	—
材料	砂轮片 综合	片	0.020	0.025	0.035	0.040	0.050
	电	kW·h	0.100	0.200	0.250	0.300	0.400

4. 不锈钢板、铝板风管拆除

工作内容: 拆除风管、管件、托吊支架、保温层,清理拆除现场,运至指定地点。　　　　　　计量单位:10m²

定　额　编　号			4-1-66	4-1-67	4-1-68	4-1-69	4-1-70
项　　　　目			直径或长边长(mm)				
			200 以内	400 以内	560 以内	700 以内	700 以上
名　　　称		单位	消　耗　量				
人工	合计工日	工日	5.456	3.089	2.639	2.272	2.231
	其中 普工	工日	2.728	1.544	1.319	1.136	1.115
	一般技工	工日	2.728	1.545	1.320	1.136	1.116
	高级技工	工日	—	—	—	—	—
材料	砂轮片 综合	片	0.020	0.025	0.025	0.035	0.040
	电	kW·h	0.100	0.150	0.200	0.250	0.250

5. 塑料风管拆除

工作内容: 拆除风管、管件、托吊支架、保温层,清理拆除现场,运至指定地点。　　　　　　计量单位:10m²

定　额　编　号			4-1-71	4-1-72	4-1-73	4-1-74
项　　　　目			直径或长边长(mm 以内)			
			320	500	1250	2000
名　　　称		单位	消　耗　量			
人工	合计工日	工日	1.736	1.653	1.542	1.385
	其中 普工	工日	0.868	0.826	0.771	0.692
	一般技工	工日	0.868	0.827	0.771	0.693
	高级技工	工日	—	—	—	—
材料	砂轮片 综合	片	0.015	0.015	0.025	0.035
	电	kW·h	0.100	0.100	0.150	0.200

6. 玻璃钢风管、复合型风管拆除

工作内容：拆除风管、管件、托吊支架、保温层,清理拆除现场,运至指定地点。　　　　　　计量单位：10m²

定　额　编　号			4-1-75	4-1-76	4-1-77	4-1-78
项　　目			直径或长边长（mm 以内）			复合风管拆除
			200	800	2000	
名　　称		单位	消　耗　量			
人工	合计工日	工日	1.672	0.874	0.828	0.427
	其中 普工	工日	0.836	0.437	0.414	0.213
	一般技工	工日	0.836	0.437	0.414	0.214
	高级技工	工日	—	—	—	—
材料	砂轮片 综合	片	0.015	0.015	0.020	0.025
	电	kW·h	0.150	0.150	0.200	0.200

7. 软管接口拆除

工作内容：拆除软管接口、清理接口两侧及现场,运至指定地点。　　　　　　计量单位：m²

定　额　编　号			4-1-79
项　　目			软管接口拆除
名　　称		单位	消　耗　量
人工	合计工日	工日	0.319
	其中 普工	工日	0.159
	一般技工	工日	0.160
	高级技工	工日	—
材料	电	kW·h	0.250

三、阀门拆除

工作内容：拆除阀门本体及附件，清理拆除现场，运到指定的地点。　　　　　计量单位：10 个

定　额　编　号			4-1-80	4-1-81	4-1-82	4-1-83	4-1-84
项　　　目			圆形、矩形				
			周长（mm）				
			1000 以内	2400 以内	4000 以内	8000 以内	8000 以上
名　　　称		单位	消　耗　量				
人工	合计工日		工日	1.040	3.520	5.720	7.860	11.620
	其中	普工	工日	0.520	1.760	2.860	3.930	5.810
		一般技工	工日	0.520	1.760	2.860	3.930	5.810
		高级技工	工日	—	—	—	—	—
材料	砂轮片 综合		片	0.040	0.040	0.050	0.055	0.060
	电		kW·h	0.200	0.250	0.300	0.400	0.400

四、风口拆除

工作内容：拆除风口本体及附件，清理拆除现场，运到指定的地点。　　　　　计量单位：10 个

定　额　编　号			4-1-85	4-1-86
项　　　目			圆　形	
			直径（mm 以内）	
			300	600
名　　　称		单位	消　耗　量	
人工	合计工日		工日	2.380	3.640
	其中	普工	工日	1.190	1.820
		一般技工	工日	1.190	1.820
		高级技工	工日	—	—
材料	砂轮片 综合		片	0.040	0.040
	电		kW·h	0.200	0.250

工作内容： 拆除风口本体及附件,清理拆除现场,运到指定的地点。　　　　　　　　　　　计量单位：10个

定 额 编 号			4-1-87	4-1-88	4-1-89	4-1-90
项　　目			方形、矩形			
			周长（mm）			
			2000 以内	3000 以内	4000 以内	4000 以上
名　　称		单位	消 耗 量			
人工	合计工日	工日	1.980	2.600	3.380	5.140
	其中 普工	工日	0.990	1.300	1.690	2.570
	一般技工	工日	0.990	1.300	1.690	2.570
	高级技工	工日	—	—	—	—
材料	砂轮片 综合	片	0.040	0.045	0.050	0.055
	电	kW·h	0.200	0.250	0.300	0.400

五、风 帽 拆 除

1.碳钢风帽拆除

工作内容： 拆除风帽本体及箅绳,清理拆除现场,运到指定地点。　　　　　　　　　　　计量单位：100kg

定 额 编 号			4-1-91	4-1-92	4-1-93	4-1-94	4-1-95
项　　目			单个质量（kg）				
			10 以内	25 以内	50 以内	100 以内	100 以上
名　　称		单位	消 耗 量				
人工	合计工日	工日	2.082	1.460	1.049	0.907	0.747
	其中 普工	工日	1.041	0.730	0.524	0.453	0.373
	一般技工	工日	1.041	0.730	0.525	0.454	0.374
	高级技工	工日	—	—	—	—	—
材料	砂轮片 综合	片	0.080	0.080	0.080	0.090	0.090
	电	kW·h	0.600	0.650	0.700	0.700	0.750

2. 塑料风帽拆除

工作内容: 拆除风帽本体及笭绳,清理拆除现场,运到指定地点。　　　　　　　　　　　　　　　计量单位:100kg

定　额　编　号			4-1-96	4-1-97	4-1-98
项　　目			单个质量（kg）		
			20 以内	40 以内	40 以上
名　　称		单位	消　耗　量		
人工	合计工日	工日	5.799	3.724	2.818
	其中 普工	工日	2.899	1.862	1.409
	一般技工	工日	2.900	1.862	1.409
	高级技工	工日	—	—	—
材料	砂轮片 综合	片	0.030	0.030	0.030
	电	kW·h	0.400	0.400	0.400

3. 铝板风帽拆除

工作内容: 拆除风帽本体及笭绳,清理拆除现场,运到指定地点。　　　　　　　　　　　　　　　计量单位:100kg

定　额　编　号			4-1-99	4-1-100
项　　目			单个质量（kg）	
			3 以内	3 以上
名　　称		单位	消　耗　量	
人工	合计工日	工日	6.444	2.400
	其中 普工	工日	3.222	1.200
	一般技工	工日	3.222	1.200
	高级技工	工日	—	—
材料	砂轮片 综合	片	0.050	0.050
	电	kW·h	0.400	0.400

4.玻璃钢风帽拆除

工作内容:拆除风帽本体及筝绳,清理拆除现场,运到指定地点。　　　　　　　　计量单位:100kg

定 额 编 号			4-1-101	4-1-102	4-1-103	4-1-104
项　　　目			单个质量（kg）			
			10 以内	25 以内	50 以内	50 以上
名　　　称		单位	消　耗　量			
人工	合计工日	工日	2.445	1.716	1.236	0.500
	其中 普工	工日	1.222	0.858	0.618	0.250
	一般技工	工日	1.223	0.858	0.618	0.250
	高级技工	工日	—	—	—	—
材料	砂轮片 综合	片	0.030	0.030	0.030	0.030
	电	kW·h	0.400	0.400	0.500	0.500

六、罩 类 拆 除

工作内容:拆除罩类及法兰等附件,清理拆除现场,运至指定的地点。　　　　　　　计量单位:100kg

定 额 编 号			4-1-105	4-1-106
项　　　目			钢板	塑料
名　　　称		单位	消　耗　量	
人工	合计工日	工日	1.347	3.407
	其中 普工	工日	0.673	1.703
	一般技工	工日	0.674	1.704
	高级技工	工日	—	—
材料	砂轮片 综合	片	0.100	0.030
	电	kW·h	0.900	0.400

七、消声设备拆除

1. 消声器拆除

工作内容：拆除消声器及托吊支架,清理拆除现场,运至指定的地点。　　　　　计量单位：节

定　额　编　号			4-1-107	4-1-108	4-1-109	4-1-110	4-1-111	4-1-112
项　　　目			周长（mm）					
			1800 以内	2400 以内	3200 以内	4000 以内	5000 以内	5000 以上
名　　　称		单位	消　耗　量					
人工	合计工日	工日	0.634	0.898	1.151	1.536	1.956	2.402
	其中 普工	工日	0.317	0.449	0.575	0.768	0.978	1.201
	一般技工	工日	0.317	0.449	0.576	0.768	0.978	1.201
	高级技工	工日	—	—	—	—	—	—
材料	砂轮片 综合	片	0.040	0.040	0.050	0.050	0.060	0.060
	电	kW·h	0.300	0.350	0.400	0.450	0.500	0.600

2. 消声弯头拆除

工作内容：拆除消声弯头及托吊支架,清理拆除现场,运至指定的地点。　　　　　计量单位：个

定　额　编　号			4-1-113	4-1-114	4-1-115	4-1-116	4-1-117
项　　　目			周长（mm）				
			1200 以内	2400 以内	4000 以内	6000 以内	6000 以上
名　　　称		单位	消　耗　量				
人工	合计工日	工日	0.351	0.829	1.187	2.058	2.469
	其中 普工	工日	0.175	0.414	0.593	1.029	1.234
	一般技工	工日	0.176	0.415	0.594	1.029	1.235
	高级技工	工日	—	—	—	—	—
材料	砂轮片 综合	片	0.040	0.050	0.050	0.060	0.060
	电	kW·h	0.350	0.400	0.450	0.500	0.600

3. 消声静压箱拆除

工作内容：拆除消声静压箱及托吊支架，清理拆除现场，运至指定的地点。   计量单位：个

定　额　编　号			4-1-118	4-1-119	4-1-120	4-1-121
项　　目			展开面积（m² 以内）			
			5	10	20	50
名　　称		单位	消　耗　量			
人工	合计工日	工日	1.356	1.487	1.736	2.256
	其中 普工	工日	0.678	0.743	0.868	1.128
	一般技工	工日	0.678	0.744	0.868	1.128
	高级技工	工日	—	—	—	—
材料	砂轮片 综合	片	0.050	0.100	0.150	0.400
	电	kW·h	0.400	0.800	1.100	1.400

八、挡烟垂壁拆除

工作内容：拆除挡烟垂壁及附件，清理拆除现场，运至指定的地点。   计量单位：10m²

定　额　编　号			4-1-122
项　　目			挡烟垂壁拆除
名　　称		单位	消　耗　量
人工	合计工日	工日	1.483
	其中 普工	工日	0.741
	一般技工	工日	0.742
	高级技工	工日	—
材料	砂轮片 综合	片	0.090
	电	kW·h	0.400

九、保 温 拆 除

工作内容：拆除保温层及外保护层并清理,运至指定的地点。　　　　　　　　　　　　计量单位:m³

定 额 编 号				4-1-123
项　　目				保温拆除
名　　称			单位	消　耗　量
人工	合计工日		工日	1.733
	其中	普工	工日	0.866
		一般技工	工日	0.867
		高级技工	工日	—
材料	合金刀片		kg	0.080
	电		kW·h	0.200

第二章　通风空调设备及部件制作、安装

说　明

一、本章内容包括空调器,多联体空调机室外机,风机盘管,空气幕,VAV变风量末端装置、分段组装式空调器,过滤器、框架制作、安装,通风机,设备支架制作、安装,冷媒介质充注等。

二、有关说明:

1. 多联体空调机室内机按安装方式执行风机盘管子目,应扣除膨胀螺栓。

2. 空气幕的支架制作与安装执行设备支架子目。

3.VAV变风量末端装置适用单风道变风量末端和双风道变风量末端装置,风机动力型变风量末端装置人工乘以系数1.10。

4. 通风空调水系统与电气接线调试项目执行本定额第三册、第六册相应项目。

5. 通风机安装子目内包括电动机安装,其安装形式包括A、B、C、D等型,适用于碳钢、不锈钢、塑料通风机安装。

工程量计算规则

1. 空调器安装按设计图示数量计算,以"台"为计量单位。

2. 组合式空调机组安装依据设计风量,按设计图示数量计算,以"台"为计量单位。

3. 多联体空调机室外机安装依据制冷量,按设计图示数量计算,以"台"为计量单位。

4. 风机盘管安装按设计图示数量计算,以"台"为计量单位。

5. 空气幕按设计图示数量计算,以"台"为计量单位。

6.VAV 变风量末端装置安装按设计图示数量计算,以"台"为计量单位。

7. 分段组装式空调器安装按设计图示质量计算,以"kg"为计量单位。

8. 高、中、低效过滤器安装按设计图示数量计算,以"台"为计量单位。

9. 过滤器框架制作按设计图示尺寸以质量计算,以"kg"为计量单位。

10. 通风机安装依据不同形式、规格按设计图示数量计算,以"台"为计量单位。风机箱安装按设计图示数量计算,以"台"为计量单位。

11. 设备支架制作与安装按设计图示尺寸以质量计算,以"kg"为计量单位。

12. 冷媒介质充注根据设备型号与重量按"台"计算,冷媒用量以实际发生为准。

一、空 调 器

1. 吊顶式、落地式空调器

工作内容: 场内搬运、开箱检查设备、附件、底座螺栓、吊装、找平、找正、加垫、灌浆、
螺栓固定。

计量单位:台

定 额 编 号			4-2-1	4-2-2	4-2-3	4-2-4	4-2-5	4-2-6
项 目			吊顶式空调器安装 质量(t以内)			落地式空调器安装 质量(t以内)		
			0.1	0.2	0.4	1.0	1.5	2.0
名 称		单位	消 耗 量					
人工	合计工日	工日	1.595	1.727	1.873	13.544	17.207	22.010
	其中 普工	工日	0.717	0.777	0.843	6.095	7.743	9.905
	一般技工	工日	0.718	0.777	0.843	6.095	7.743	9.904
	高级技工	工日	0.160	0.173	0.187	1.354	1.721	2.201
材料	棉纱头	kg	0.500	0.500	0.500	0.500	0.500	0.500
	其他材料费	%	1.00	1.00	1.00	1.00	1.00	1.00
机械	载重汽车 5t	台班	0.009	0.009	0.009	0.013	0.016	0.019
	汽车式起重机 8t	台班	0.021	0.021	0.021	0.031	0.039	0.047

2. 墙上式空调器

工作内容：场内搬运、开箱检查设备、附件、安装膨胀螺栓、吊装、找平、找正、加垫、
螺栓固定。

计量单位：台

定　额　编　号				4-2-7	4-2-8	4-2-9
项　　目				墙上式空调器安装　质量（t 以内）		
				0.1	0.15	0.2
名　　称			单位	消　耗　量		
人工	合计工日		工日	1.691	1.770	1.887
	其中	普工	工日	0.761	0.797	0.849
		一般技工	工日	0.761	0.796	0.849
		高级技工	工日	0.169	0.177	0.189
材料	棉纱头		kg	0.500	0.500	0.500
	其他材料费		%	1.00	1.00	1.00
机械	载重汽车 5t		台班	—	0.009	0.009
	汽车式起重机 8t		台班	—	0.021	0.021

3. 组合式空调机组

工作内容：场内搬运、开箱、检查设备及附件、就位、连接、上螺栓、找正、找平、
固定、外表污物清理。

计量单位：台

定　额　编　号				4-2-10	4-2-11	4-2-12	4-2-13
项　　目				风量（m³/h 以内）			
				4000	10000	20000	30000
名　　称			单位	消　耗　量			
人工	合计工日		工日	4.203	7.662	13.117	28.262
	其中	普工	工日	1.892	3.448	5.902	12.718
		一般技工	工日	1.891	3.448	5.903	12.718
		高级技工	工日	0.420	0.766	1.312	2.826
材料	棉纱		kg	0.210	0.410	0.730	1.190
	煤油		kg	0.420	0.810	1.460	2.390
	其他材料费		%	1.00	1.00	1.00	1.00
机械	载重汽车 5t		台班	0.146	0.146	0.292	0.292
	汽车式起重机 8t		台班	0.073	0.073	0.209	0.251

工作内容：场内搬运、开箱、检查设备及附件、就位、连接、上螺栓、找正、找平、固定、外表污物清理。

计量单位：台

定　额　编　号			4-2-14	4-2-15	4-2-16	4-2-17
项　　　目			风量（m³/h 以内）			
			40000	60000	80000	100000
名　　称		单位	消　耗　量			
人工	合计工日	工日	39.904	67.479	94.484	119.830
	其中 普工	工日	17.957	30.366	42.518	53.923
	一般技工	工日	17.957	30.365	42.518	53.924
	高级技工	工日	3.990	6.748	9.448	11.983
材料	棉纱	kg	1.600	2.420	4.210	5.160
	煤油	kg	3.200	4.830	8.420	10.330
	其他材料费	%	1.00	1.00	1.00	1.00
机械	载重汽车 5t	台班	0.292	0.375	0.375	0.375
	汽车式起重机 8t	台班	0.304	0.392	0.416	0.451

二、多联体空调机室外机

工作内容：场内搬运、开箱、检查、就位、找正、找平、固定、试运转。

计量单位：台

定　额　编　号			4-2-18	4-2-19	4-2-20	4-2-21	4-2-22
项　　　目			制冷量（kW 以内）				
			30	50	90	140	200
名　　称		单位	消　耗　量				
人工	合计工日	工日	3.866	6.566	9.849	14.774	18.037
	其中 普工	工日	1.739	2.954	4.432	6.649	8.117
	一般技工	工日	1.740	2.955	4.432	6.648	8.116
	高级技工	工日	0.387	0.657	0.985	1.477	1.804
材料	镀锌六角螺栓带螺母 M16×85~100	套	10.200	12.240	18.360	24.480	30.600
	镀锌弹簧垫圈 M16	个	10.400	12.480	18.720	24.960	31.200
	镀锌垫圈 M16	个	20.800	24.960	37.440	49.920	62.400
	棉纱	kg	0.500	0.500	0.500	0.750	1.000
	煤油	kg	0.125	0.125	0.169	0.253	0.337
	其他材料费	%	1.00	1.00	1.00	1.00	1.00
机械	载重汽车 5t	台班	0.009	0.009	0.009	0.013	0.016
	汽车式起重机 8t	台班	0.021	0.021	0.021	0.031	0.039

三、风 机 盘 管

1. 风 机 盘 管

工作内容: 开箱检查设备、附件、试压、底座螺栓、打膨胀螺栓、制作与安装吊架、
胀塞、上螺栓、吊装、找平、找正、加垫、螺栓固定。　　　　　　　　　计量单位:台

定额编号			4-2-23	4-2-24	4-2-25	4-2-26
项　目			风机盘管安装			
			落地式	吊顶式	壁挂式	卡式嵌入式
名　称		单位	消　耗　量			
人工	合计工日	工日	0.712	1.921	1.038	2.117
	其中 普工	工日	0.320	0.865	0.467	0.953
	一般技工	工日	0.321	0.864	0.467	0.952
	高级技工	工日	0.071	0.192	0.104	0.212
材料	角钢 50×5 以内	kg	—	2.918	—	2.918
	角钢 63mm 以内	kg	—	0.592	—	—
	圆钢 φ10~14	kg	—	2.550	—	2.805
	膨胀螺栓 M10	10 套	0.416	0.416	—	0.416
	镀锌六角螺母 M10	10 个	—	1.272	—	1.272
	镀锌弹簧垫圈 M10	个	—	4.240	—	4.240
	镀锌垫圈 M10	个	—	8.480	—	8.480
	塑料胀塞	个	—	—	4.160	—
	聚酯乙烯泡沫塑料	kg	0.100	0.100	0.100	0.100
	聚氯乙烯薄膜	kg	0.010	0.010	0.010	0.010
	煤油	kg	2.800	2.800	2.800	2.800
	棉纱	kg	0.050	0.050	—	0.050
	冲击钻头 φ10~20	个	0.010	0.010	0.010	0.010
	尼龙砂轮片 φ500×25×4	片	—	0.008	—	—
	其他材料费	%	1.00	1.00	1.00	1.00
机械	交流弧焊机 21kV·A	台班	—	0.100	—	—
	台式钻床 16mm	台班	—	0.010	—	—
	载重汽车 8t	台班	0.010	0.010	0.010	0.010

2. 小型诱导器安装 诱导风机

工作内容： 找正，找平，制垫，灌浆，螺栓固定，吊架制作与安装，调试，调整。 计量单位：台

定 额 编 号				4-2-27
项 目				小型诱导器安装 诱导风机
名 称			单位	消 耗 量
人工	合计工日		工日	0.317
	其中	普工	工日	0.142
		一般技工	工日	0.143
		高级技工	工日	0.032
材料	吊杆		kg	3.120
	膨胀螺栓 M10×80		套	4.020
	其他材料费		%	1.00

四、空 气 幕

工作内容： 场内搬运、开箱检查设备、吊装、找平、找正、固定。 计量单位：台

定 额 编 号				4-2-28	4-2-29	4-2-30
项 目				质量（kg 以内）		
				150	200	250
名 称			单位	消 耗 量		
人工	合计工日		工日	2.645	2.864	2.967
	其中	普工	工日	1.190	1.289	1.335
		一般技工	工日	1.190	1.289	1.335
		高级技工	工日	0.265	0.286	0.297
材料	镀锌六角螺栓带螺母 2弹垫 M12×14~75		套	10.300	10.300	10.300
	热轧薄钢板 δ0.7~0.9		kg	0.306	0.340	0.374
	镀锌铁丝 φ2.8~4.0		kg	0.935	1.190	1.445
	煤油		kg	0.638	0.680	0.723
	棉纱		kg	1.063	1.063	1.063
	电		kW·h	1.000	2.000	3.000
	水		m³	0.031	0.042	0.062
	其他材料费		%	1.00	1.00	1.00
机械	载重汽车 5t		台班	0.014	0.020	0.022
	汽车式起重机 8t		台班	0.007	0.010	0.011

五、VAV 变风量末端装置、分段组装式空调器

工作内容： 场内搬运、开箱检查设备、附件、底座螺栓，吊装、找平、找正、加垫、螺栓固定。

定 额 编 号			4-2-31	4-2-32
项 目			VAV 变风量末端装置	分段组装式空调器安装
计 量 单 位			台	100kg
名 称		单位	消 耗 量	
人工	合计工日	工日	1.285	2.186
	其中 普工	工日	0.579	0.983
	一般技工	工日	0.578	0.984
	高级技工	工日	0.128	0.219
材料	圆钢 综合	kg	1.660	—
	槽钢 5#~16#	kg	14.840	—
	垫圈 M2~8	10 个	0.848	—
	弹簧垫圈 M2~10	10 个	0.848	—
	膨胀螺栓 M10	10 套	0.416	—
	六角螺母 M8	10 个	0.848	—
	橡胶板 δ5~10	kg	0.290	—
	棉纱	kg	0.050	—
	其他材料费	%	1.00	—

六、过滤器、框架制作、安装

工作内容： 场内搬运、开箱、检查、配合钻孔、加垫、口缝涂密封胶、安装。

定　额　编　号		单位	4-2-33	4-2-34	4-2-35
项　　　目			高效过滤器安装	中、低效过滤器安装	过滤器框架
计　量　单　位			台	台	100kg
名　　　称		单位	消　耗　量		
人工	合计工日	工日	0.564	0.090	6.311
	其中 普工	工日	0.254	0.040	2.840
	一般技工	工日	0.254	0.041	2.840
	高级技工	工日	0.056	0.009	0.631
材料	角钢 60mm	kg	—	—	17.000
	角钢 63mm	kg	—	—	14.000
	槽钢 5#~16#	kg	—	—	73.800
	六角螺栓带螺母 M8×75 以下	10 套	—	—	2.390
	镀锌六角螺栓 M8×250	个	—	—	5.600
	铝蝶形螺母 M12 以内	10 个	—	—	0.560
	石棉橡胶板 低中压 δ0.8~6	kg	0.100	0.100	—
	闭孔乳胶海绵 δ5	kg	—	—	7.100
	密封胶 KS 型	kg	0.460	0.460	2.600
	聚氯乙烯薄膜	kg	—	—	0.400
	低碳钢焊条 J422 φ3.2	kg	—	—	1.900
	镀锌铆钉 M4	kg	—	—	35.100
	洗涤剂	kg	—	—	7.770
	白布	m²	—	—	0.200
	白绸	m²	—	—	0.200
	塑料打包带	kg	—	—	0.100
	打包铁卡子	10 个	—	—	0.600
	其他材料费	%	1.00	1.00	1.00
机械	交流弧焊机 21kV·A	台班	—	—	0.300
	台式钻床 16mm	台班	—	—	0.200

七、通 风 机

1.离心式通风机

工作内容:场内搬运、开箱检查设备、附件、底座螺栓、吊装、找平、找正、加垫、灌浆、螺栓固定。

计量单位:台

定 额 编 号			4-2-36	4-2-37	4-2-38	4-2-39	4-2-40	4-2-41
项 目			风机安装 风量(m³/h)					
			4500以内	7000以内	19300以内	62000以内	123000以内	123000以上
名 称		单位	消 耗 量					
人工	合计工日	工日	0.756	3.020	6.590	13.731	24.127	33.879
	其中 普工	工日	0.340	1.359	2.966	6.179	10.857	15.245
	一般技工	工日	0.340	1.359	2.965	6.179	10.857	15.246
	高级技工	工日	0.076	0.302	0.659	1.373	2.413	3.388
材料	铸铁垫板	kg	3.900	3.900	5.200	21.600	28.800	28.800
	混凝土 C15	m³	0.010	0.030	0.030	0.030	0.070	0.100
	煤油	kg	—	0.750	0.750	1.500	2.000	3.000
	黄干油 钙基脂	kg	—	0.400	0.400	0.500	0.700	1.000
	棉纱头	kg	—	0.060	0.080	0.120	0.150	0.200
	其他材料费	%	1.00	1.00	1.00	1.00	1.00	1.00
机械	载重汽车 5t	台班	—	—	0.009	0.009	0.013	0.019
	汽车式起重机 8t	台班	—	—	0.021	0.021	0.031	0.047

2. 轴流式、斜流式、混流式通风机

工作内容： 场内搬运、开箱检查设备、附件、底座螺栓、吊装、找平、找正、加垫、灌浆、螺栓固定。

计量单位：台

定 额 编 号			4-2-42	4-2-43	4-2-44	4-2-45	4-2-46
项 目			轴流式、斜流式、混流式通风机安装 风量（m³/h）				
			8900 以内	25000 以内	63000 以内	140000 以内	140000 以上
名 称		单位	消 耗 量				
人工	合计工日	工日	1.341	1.783	5.980	13.317	20.505
	其中 普工	工日	0.603	0.803	2.691	5.992	9.228
	一般技工	工日	0.604	0.802	2.691	5.993	9.227
	高级技工	工日	0.134	0.178	0.598	1.332	2.050
材料	混凝土 C15	m³	0.010	0.010	0.030	0.070	0.100
	其他材料费	%	1.00	1.00	1.00	1.00	1.00
机械	载重汽车 5t	台班	—	0.009	0.009	0.013	0.019
	汽车式起重机 8t	台班	—	0.021	0.021	0.031	0.047

3. 屋顶式通风机

工作内容： 场内搬运、开箱检查设备、附件、底座螺栓、吊装、找平、找正、加垫、灌浆、螺栓固定、装梯子。

计量单位：台

定 额 编 号			4-2-47	4-2-48	4-2-49
项 目			屋顶式通风机安装 风量（m³/h）		
			2760 以内	9100 以内	9100 以上
名 称		单位	消 耗 量		
人工	合计工日	工日	0.913	1.104	1.231
	其中 普工	工日	0.411	0.497	0.554
	一般技工	工日	0.411	0.497	0.554
	高级技工	工日	0.091	0.110	0.123
材料	铸铁垫板	kg	3.900	3.900	3.900
	混凝土 C15	m³	0.010	0.020	0.030
	其他材料费	%	1.00	1.00	1.00
机械	载重汽车 5t	台班	—	—	0.009
	汽车式起重机 8t	台班	—	—	0.021

4. 卫生间通风器

工作内容: 场内搬运、开箱检查、找平、找正、安装固定。　　　　　　　　　　　　　　　　　　　计量单位:台

定　额　编　号			4-2-50
项　　　　目			卫生间通风器安装
名　　称		单位	消　耗　量
人工	合计工日	工日	0.152
	其中　普工	工日	0.069
	一般技工	工日	0.068
	高级技工	工日	0.015
材料	打包铁卡子	10个	0.400
	其他材料费	%	1.00

5. 风机箱落地安装

工作内容: 场内搬运、开箱、检查就位、安装、找正、找平、清理。　　　　　　　　　　　　　　　　计量单位:台

定　额　编　号			4-2-51	4-2-52	4-2-53	4-2-54
项　　　　目			风机箱落地安装　风量（m³/h 以内）			
			5000	10000	20000	30000
名　　称		单位	消　耗　量			
人工	合计工日	工日	2.559	2.900	5.082	7.965
	其中　普工	工日	1.152	1.305	2.287	3.585
	一般技工	工日	1.151	1.305	2.287	3.584
	高级技工	工日	0.256	0.290	0.508	0.796
材料	煤油	kg	0.150	0.300	0.520	0.740
	棉纱头	kg	0.100	0.150	0.300	0.450
	其他材料费	%	1.00	1.00	1.00	1.00
机械	载重汽车 5t	台班	—	0.009	0.009	0.013
	汽车式起重机 8t	台班	—	0.021	0.021	0.031

6. 风机箱减震台座上安装

工作内容: 场内搬运、测位、校正、校平、安装、上螺栓、固定。　　　　　　　　　　　　　　　　计量单位: 台

定 额 编 号			4-2-55	4-2-56	4-2-57	4-2-58	4-2-59	4-2-60
项　　目			风机箱减震台座上安装　风量（m³/h）					
			2000 以内	10000 以内	15000 以内	25000 以内	35000 以内	35000 以上
名　　称		单位	消　耗　量					
人工	合计工日	工日	1.465	3.990	6.018	7.889	11.169	14.967
	其中　普工	工日	0.659	1.796	2.708	3.550	5.026	6.735
	一般技工	工日	0.659	1.795	2.708	3.550	5.026	6.735
	高级技工	工日	0.147	0.399	0.602	0.789	1.117	1.497
材料	六角螺栓带螺母　M10×80~130	10 套	0.832	—	—	—	0.208	0.208
	六角螺栓带螺母　M10×60	10 套	—	0.408	0.408	0.408	—	—
	六角螺栓带螺母　M12×55	套	—	4.160	4.160			
	六角螺栓带螺母　M16×80	套				4.080		
	六角螺栓带螺母　M20×60	10 套	—	—	0.408	—	—	—
	六角螺栓带螺母　M24×80	10 套	—	—	—	0.816	0.408	—
	六角螺栓带螺母　M24×120	10 套	—	0.408	0.408	0.408	—	—
	六角螺栓带螺母　M30×60 以下	10 套	—	—	—	—	—	0.408
	六角螺栓带螺母　M30×120	10 套	—	—	—	—	1.224	1.224
	其他材料费	%	1.00	1.00	1.00	1.00	1.00	1.00

7. 风机箱悬吊安装

工作内容: 场内搬运、测位、校正、校平、安装、上螺栓、固定。　　　　　　　　　　　计量单位:台

定 额 编 号			4-2-61	4-2-62	4-2-63	4-2-64
项　　目			风机箱悬吊安装 风量(m³/h 以内)			
			5000	10000	20000	30000
名　　称		单位	消　耗　量			
合计工日		工日	3.398	4.004	6.991	10.736
人工	其中	普工	工日	1.529	1.802	3.146	4.831
		一般技工	工日	1.529	1.802	3.146	4.831
		高级技工	工日	0.340	0.400	0.699	1.074
材料	煤油		kg	0.150	0.300	0.520	0.740
	棉纱头		kg	0.100	0.150	0.300	0.450
	其他材料费		%	1.00	1.00	1.00	1.00
机械	载重汽车 5t		台班	—	0.009	0.009	0.013
	汽车式起重机 8t		台班	—	0.021	0.021	0.031

八、设备支架制作、安装

工作内容：1.制作：场内搬运、放样、下料、调直、钻孔、焊接、成型。
　　　　　　2.安装：测位、上螺栓、固定、打洞、埋支架。　　　　　　　　　　计量单位：100kg

定　额　编　号			4-2-65	4-2-66
项　　　目			设备支架（kg）	
			50 以内	50 以上
名　　　称		单位	消　耗　量	
人工	合计工日	工日	6.978	3.650
	其中 普工	工日	3.140	1.642
	一般技工	工日	3.140	1.643
	高级技工	工日	0.698	0.365
材料	角钢 60mm	kg	55.270	7.230
	角钢 63mm	kg	48.730	17.550
	扁钢 59mm 以内	kg	—	0.120
	槽钢 5#~16#	kg	—	79.090
	六角螺栓带螺母 M10×75 以下	10 套	1.741	—
	六角螺栓带螺母 M14×75 以下	10 套	—	0.208
	六角螺栓带螺母 M20×100~150	10 套	—	0.104
	低碳钢焊条 J422 ϕ4.0	kg	1.610	0.570
	乙炔气	kg	0.409	0.178
	氧气	m³	1.150	0.500
	其他材料费	%	1.00	1.00
机械	交流弧焊机 21kV·A	台班	0.420	0.240
	台式钻床 16mm	台班	0.040	0.010

九、冷媒介质充注

工作内容:充注前准备工作、开箱检查、冷媒充注、设备调试。　　　　　　　　　　　　　　　　　计量单位:台

定　额　编　号			4-2-67	4-2-68	4-2-69
项　　　　目			冷媒介质充注		
			室外机设备重量(kg)		
			50 以内	100 以内	100 以上
名　　　称		单位	消　耗　量		
人工	合计工日	工日	0.503	0.540	0.582
	其中　普工	工日	0.227	0.243	0.262
	一般技工	工日	0.226	0.243	0.262
	高级技工	工日	0.050	0.054	0.058
材料	压力表 0~1.6MPa	块	0.080	0.090	0.100
	其他材料费	%	1.00	1.00	1.00

注:冷媒材料种类可按实际用量补充,其他不变。

第三章　通风管道制作、安装

说　　明

一、本章内容包括镀锌薄钢板法兰风管制作、安装,镀锌薄钢板共板法兰风管制作、安装,薄钢板法兰风管制作、安装,不锈钢板风管制作、安装,铝板风管制作、安装,塑料风管制作、安装,玻璃钢通风管道安装,复合型风管制作、安装,柔性软风管安装,弯头导流叶片、软管接口、挡烟垂壁及其他。

二、有关说明:

1. 镀锌薄钢板风管子目中的板材是按镀锌薄钢板编制的,如设计要求不用镀锌薄钢板时,板材可以换算,其他不变。

2. 风管导流叶片不分单叶片和香蕉形双叶片均执行同一子目。

3. 薄钢板通风管道、净化通风管道、玻璃钢通风管道、复合型风管制作与安装子目中,包括弯头、三通、变径管、天圆地方等管件及法兰、加固框和吊托支架的制作与安装,但不包括过跨风管落地支架,落地支架制作与安装执行本册第二章第八节"设备支架制作、安装"子目。

4. 薄钢板风管子目中的板材,如设计要求厚度不同时可以换算,人工、机械消耗量不变。

5. 不锈钢板风管、铝板风管、塑料风管子目中的板材,如设计厚度不同时可以换算,人工、机械不变。

6. 不锈钢板风管咬口连接制作、安装执行本章镀锌薄钢板法兰风管连接子目。

7. 不锈钢板风管、铝板风管制作、安装子目中包括管件,但不包括法兰和吊托支架;法兰和吊托支架应单独列项计算,执行相应子目。

8. 塑料风管、复合型风管制作、安装子目规格所表示的直径为内径,周长为内周长。

9. 塑料风管制作、安装子目中包括管件、法兰、加固框,但不包括吊托支架制作、安装,吊托支架执行本册第二章第八节"设备支架制作、安装"子目。

10. 塑料风管制作、安装子目中的法兰垫料如与设计要求使用品种不同时可以换算,但人工消耗量不变。

11. 玻璃钢风管及管件按计算工程量加损耗外加工订做考虑。

12. 软管接头如使用人造革而不使用帆布时可以换算。

13. 柔性软风管适用于由金属、涂塑化纤织物、聚酯、聚乙烯、聚氯乙烯薄膜、铝箔等材料制成的软风管。

14. 挡烟垂壁子目中是按镀锌薄钢板编制的,如设计要求不用镀锌薄钢板时,板材可以换算,其他不变。

工程量计算规则

1. 薄钢板风管、不锈钢风管、铝板风管、塑料风管、玻璃钢风管、复合型风管按设计图示规格以展开面积计算,以"m²"为计量单位。不扣除检查孔、测定孔、送风口、吸风口等所占面积;风管长度一律以设计图示中心线长度为准(主管与支管以其中心线交点划分),包括弯头、三通、变径管、天圆地方等管件的长度,但不包括部件所占的长度;风管末端堵头按图示规格另行计算。咬口重叠部分已包括在项目内,不得另行增加。

2. 柔性软风管安装按设计图示中心线长度计算,以"m"为计量单位。

3. 弯头导流叶片制作与安装按设计图示叶片的面积计算,以"m²"为计量单位。

4. 软管(帆布)接口制作与安装按设计图示尺寸,以展开面积计算,以"m²"为计量单位。

5. 风管检查孔制作安装按设计图示尺寸质量计算,以"kg"为计量单位。

6. 温度、风量测定孔制作安装依据其型号,按设计图示数量计算,以"个"为计量单位。

7. 挡烟垂壁安装设计图示的面积计算,以"m²"为计量单位。

一、镀锌薄钢板法兰风管制作、安装

1. 圆形风管（δ=1.2mm 以内咬口）

工作内容： 1. 场内搬运、制作：放样、下料、卷圆、轧口、咬口、制作直管、管件、
法兰、吊托支架、钻孔、铆焊、上法兰、组对。

2. 安装：找标高、打支架墙洞、配合预留孔洞、埋设吊托支架、组装、
风管就位、找平、找正、制垫、加垫、上螺栓、紧固。

计量单位：10m²

定　额　编　号			4-3-1	4-3-2	4-3-3	4-3-4	4-3-5
项　　　　　目			镀锌薄钢板圆形风管（δ=1.2mm 以内咬口）直径（mm 以内）				
			320	450	1000	1250	2000
名　　称		单位	消　耗　量				
人工	合计工日	工日	12.333	10.132	7.585	8.089	9.602
	其中 普工	工日	5.550	4.560	3.414	3.640	4.321
	一般技工	工日	5.550	4.559	3.413	3.640	4.321
	高级技工	工日	1.233	1.013	0.758	0.809	0.960
材料	镀锌薄钢板 δ0.5	m²	（11.380）	—	—	—	—
	镀锌薄钢板 δ0.6	m²	—	（11.380）	—	—	—
	镀锌薄钢板 δ0.75	m²	—	—	（11.380）	—	—
	镀锌薄钢板 δ1.0	m²	—	—	—	（11.380）	—
	镀锌薄钢板 δ1.2	m²	—	—	—	—	（11.380）
	角钢 60mm	kg	0.890	31.600	32.710	33.015	33.930
	角钢 63mm	kg	—	—	2.330	2.545	3.190
	扁钢 59mm 以内	kg	20.640	3.560	2.150	3.930	9.270
	圆钢 φ5.5~9	kg	2.930	1.900	0.750	0.593	0.120
	圆钢 φ10~14	kg	—	—	1.210	2.133	4.900
	六角螺栓带螺母 M6×30~50	10 套	8.500	7.167	—	—	—
	六角螺栓带螺母 M8×30~50	10 套	—	—	5.150	4.838	3.900
	膨胀螺栓 M12	套	2.000	2.000	1.500	1.375	1.000
	橡胶板 δ1~3	kg	1.400	1.240	0.970	0.958	0.920
	低碳钢焊条 J422 φ3.2	kg	0.420	0.340	0.150	0.135	0.090
	乙炔气	kg	0.030	0.042	0.048	0.052	0.063
	氧气	m³	0.084	0.117	0.135	0.146	0.177
	铁铆钉	kg	—	0.270	0.210	0.193	0.140
	电	kW·h	0.423	0.640	0.667	0.888	0.729
	尼龙砂轮片 φ400	片	0.015	0.023	0.024	0.032	0.026
	其他材料费	%	1.00	1.00	1.00	1.00	1.00
机械	交流弧焊机 21kV·A	台班	0.160	0.130	0.040	0.035	0.020
	台式钻床 16mm	台班	0.690	0.580	0.430	0.410	0.350
	法兰卷圆机 L40×4	台班	0.500	0.320	0.170	0.140	0.050
	剪板机 6.3×2000	台班	0.040	0.020	0.010	0.010	0.010
	卷板机 2×1600	台班	0.040	0.020	0.010	0.010	0.010
	咬口机 1.5mm	台班	0.040	0.030	0.010	0.010	0.010

2. 矩形风管（δ=1.2mm 以内咬口）

工作内容：1. 场内搬运、制作：放样、下料、折方、轧口、咬口，制作直管、管件、
　　　　　　 吊托支架，钻孔、焊接、组对。
　　　　　　2. 安装：找标高、打支架墙洞、配合预留孔洞、埋设吊托支架，组装、
　　　　　　 风管就位、找平、找正、加密封胶条、上角码、弹簧夹、螺栓、紧固。　　　　　计量单位：10m²

定　额　编　号			4-3-6	4-3-7	4-3-8	4-3-9	4-3-10	4-3-11
项　　　目			镀锌薄钢板矩形风管（δ=1.2mm 以内咬口）长边长（mm 以内）					
			320	450	1000	1250	2000	4000
名　　　称		单位	消　耗　量					
人工	合计工日	工日	9.251	6.734	5.061	5.333	6.147	6.454
	其中　普工	工日	4.163	3.031	2.277	2.400	2.766	2.905
	一般技工	工日	4.163	3.030	2.278	2.400	2.766	2.904
	高级技工	工日	0.925	0.673	0.506	0.533	0.615	0.645
材料	镀锌薄钢板 δ0.5	m²	(11.380)	—	—	—	—	—
	镀锌薄钢板 δ0.6	m²	—	(11.380)	—	—	—	—
	镀锌薄钢板 δ0.75	m²	—	—	(11.380)	—	—	—
	镀锌薄钢板 δ1.0	m²	—	—	—	(11.380)	—	—
	镀锌薄钢板 δ1.2	m²	—	—	—	—	(11.380)	(11.380)
	角钢 50×5 以内	kg	40.420	35.660	35.040	37.565	45.140	47.397
	角钢 63mm	kg			0.160	0.185	0.260	0.273
	槽钢 5#~16#	kg	—	—	15.287	16.650	20.739	21.776
	扁钢 59mm 以内	kg	2.150	1.330	1.120	1.095	1.020	1.020
	圆钢 φ5.5~9	kg	1.350	1.930	1.490	1.138	0.080	0.080
	圆钢 φ10~14	kg	—	—	—	—	1.850	1.850
	六角螺栓带螺母 M6×30~50	10 套	16.900	—	—	—	—	—
	六角螺栓带螺母 M8×30~50	10 套		9.050	4.300	4.063	3.350	3.350
	膨胀螺栓 M12	套	2.000	1.500	1.500	1.375	1.000	1.000
	橡胶板 δ1~3	kg	1.840	1.300	0.920	0.893	0.810	0.810
	低碳钢焊条 J422 φ3.2	kg	2.240	1.060	0.490	0.453	0.340	0.357
	铁铆钉	kg	0.430	0.240	0.220	0.220	0.220	0.231
	乙炔气	kg	0.054	0.048	0.048	0.051	0.060	0.063
	氧气	m³	0.150	0.135	0.135	0.143	0.168	0.176
	电	kW·h	0.759	0.673	0.653	0.835	0.691	0.691
	尼龙砂轮片 φ400	片	0.027	0.024	0.023	0.030	0.025	0.025
	其他材料费	%	1.00	1.00	1.00	1.00	1.00	1.00
机械	交流弧焊机 21kV·A	台班	0.480	0.220	0.100	0.090	0.070	0.070
	台式钻床 16mm	台班	1.150	0.590	0.360	0.348	0.310	0.310
	剪板机 6.3×2000	台班	0.040	0.040	0.030	0.028	0.020	0.020
	折方机 4×2000	台班	0.040	0.040	0.030	0.028	0.020	0.020
	咬口机 1.5mm	台班	0.040	0.040	0.030	0.028	0.020	0.020

二、镀锌薄钢板共板法兰风管制作、安装

工作内容：1. 场内搬运、制作：放样、下料、折方、轧口、咬口、制作直管、管件、
吊托支架、钻孔、焊接、组对。
2. 安装：找标高、打支架墙洞、配合预留孔洞、埋设吊托支架、组装、
风管就位、找平、找正、加密封胶条、上角码、弹簧夹、螺栓、紧固。

计量单位：10m²

定　额　编　号			4-3-12	4-3-13	4-3-14	4-3-15	4-3-16
项　　　目			镀锌薄钢板共板法兰矩形风管（δ=1.2mm 以内咬口）长边长（mm 以内）				
			320	450	1000	1250	2000
名　　　称		单位	消　耗　量				
人工	合计工日	工日	6.476	4.715	3.543	3.733	4.302
	其中 普工	工日	2.914	2.121	1.595	1.680	1.936
	一般技工	工日	2.914	2.122	1.594	1.680	1.936
	高级技工	工日	0.648	0.472	0.354	0.373	0.430
材料	镀锌薄钢板 δ0.5	m²	（11.800）	—	—	—	—
	镀锌薄钢板 δ0.6	m²	—	（11.800）	—	—	—
	镀锌薄钢板 δ0.75	m²	—	—	（11.800）	—	—
	镀锌薄钢板 δ1.0	m²	—	—	—	（11.800）	—
	镀锌薄钢板 δ1.2	m²	—	—	—	—	（11.800）
	角钢 60mm	kg	25.420	20.660	—	—	—
	槽钢 5#~16#	kg	—	—	15.287	16.650	20.739
	扁钢 59mm 以内	kg	2.150	1.330	1.120	1.095	1.020
	圆钢 φ5.5~9	kg	1.350	1.930	1.490	1.138	0.080
	圆钢 φ10~14	kg					1.850
	六角螺栓带螺母 M6×30~50	10 套	5.479	—	—	—	—
	六角螺栓带螺母 M8×30~50	10 套	—	2.648	1.488	1.159	1.173
	膨胀螺栓 M12	套	2.000	1.500	1.500	1.375	1.000
	低碳钢焊条 J422 φ3.2	kg	1.456	0.647	0.230	0.215	0.167
	弹簧夹	个	21.131	21.674	38.276	28.707	—
	顶丝卡	个					98.760
	镀锌风管角码 δ0.8	个	43.530	21.465	12.636	12.051	—
	镀锌风管角码 δ1.0	个	—	—	—	—	10.296
	乙炔气	kg	0.035	0.029	0.023	0.024	0.029
	氧气	m³	0.099	0.083	0.064	0.068	0.082
	密封胶 KS 型	kg	0.480	0.349	0.307	0.307	0.307
	橡胶密封条	m	19.340	14.079	10.363	10.004	10.004
	尼龙砂轮片 φ400	片	0.500	0.413	0.309	0.409	0.326
	电	kW·h	0.018	0.015	0.011	0.015	0.012
	其他材料费	%	1.00	1.00	1.00	1.00	1.00
机械	等离子切割机 400A	台班	0.336	0.361	0.180	0.175	0.161
	交流弧焊机 21kV·A	台班	0.312	0.134	0.047	0.044	0.034
	台式钻床 16mm	台班	0.382	0.179	0.132	0.128	0.114
	折方机 4×2000	台班	0.336	0.361	0.180	0.175	0.161
	咬口机 1.5mm	台班	0.336	0.361	0.180	0.175	0.161

三、薄钢板法兰风管制作、安装

1.圆形风管

工作内容： 1.场内搬运、制作：放样、下料、轧口、卷圆、咬口、翻边、铆铆钉、点焊、焊接成型、制作直管、管件、法兰、吊托支架、钻孔、铆焊、上法兰、组对。
2.安装：找标高、打支架墙洞、配合预留孔洞、埋设吊托支架、组装、风管就位、找平、找正、制垫、加垫、上螺栓、紧固。

计量单位：10m²

定额编号				4-3-17	4-3-18	4-3-19	4-3-20
项　目				薄钢板圆形风管（δ=2mm以内焊接）直径（mm以内）			
				320	450	1000	2000
名　称			单位	消　耗　量			
人工	合计工日		工日	29.877	16.916	12.442	12.217
	其中	普工	工日	13.444	7.612	5.599	5.497
		一般技工	工日	13.445	7.612	5.599	5.498
		高级技工	工日	2.988	1.692	1.244	1.222
材料	热轧薄钢板 δ2.0		m²	（10.800）	（10.800）	（10.800）	（10.800）
	角钢 60mm		kg	0.890	31.600	32.710	33.930
	角钢 63mm		kg	—	—	2.330	3.190
	扁钢 59mm 以内		kg	20.640	3.750	2.580	9.270
	圆钢 φ5.5~9		kg	2.930	1.900	0.750	0.120
	圆钢 φ10~14		kg	—	—	1.210	4.900
	六角螺栓带螺母 M6×30~50		10套	8.500	7.167	—	—
	六角螺栓带螺母 M8×30~50		10套	—	—	5.150	3.900
	膨胀螺栓 M12		套	2.000	2.000	1.500	1.000
	橡胶板 δ1~3		kg	1.400	1.240	0.970	0.920
	低碳钢焊条 J422 φ2.5		kg	6.350	4.860	4.450	4.360
	低碳钢焊条 J422 φ3.2		kg	0.420	0.340	0.150	0.090
	碳钢气焊条 φ2 以内		kg	1.000	0.900	0.780	0.790
	乙炔气		kg	0.147	0.133	0.112	0.113
	氧气		m³	0.411	0.642	0.315	0.318
	尼龙砂轮片 φ400		片	0.423	0.644	0.684	0.888
	电		kW·h	0.015	0.023	0.025	0.032
	其他材料费		%	1.00	1.00	1.00	1.00
机械	交流弧焊机 21kV·A		台班	3.960	2.320	1.780	1.740
	台式钻床 16mm		台班	0.620	0.480	0.320	0.250
	法兰卷圆机 L40×4		台班	0.500	0.320	0.170	0.140
	剪板机 6.3×2000		台班	0.060	0.040	0.020	0.020
	卷板机 2×1600		台班	0.060	0.040	0.020	0.020

工作内容：1. 场内搬运、制作：放样、下料、轧口、卷圆、咬口、翻边、铆铆钉、点焊、焊
接成型、制作直管、管件、法兰、吊托支架、钻孔、铆焊、上法兰、组对。
2. 安装：找标高、打支架墙洞、配合预留孔洞、埋设吊托支架、组装、风管
就位、找平、找正、制垫、加垫、上螺栓、紧固。　　　　　　　计量单位：10m²

定　额　编　号			4-3-21	4-3-22	4-3-23	4-3-24
项　　　目			薄钢板圆形风管（δ=3mm 以内焊接）直径（mm 以内）			
			320	450	1000	2000
名　　　称		单位	消　耗　量			
人工	合计工日	工日	37.461	19.328	14.583	14.245
	其中 普工	工日	16.857	8.697	6.562	6.410
	一般技工	工日	16.858	8.698	6.563	6.410
	高级技工	工日	3.746	1.933	1.458	1.425
材料	热轧薄钢板 δ3.0	m²	(10.800)	(10.800)	(10.800)	(10.800)
	角钢 60mm	kg	32.170	33.880	37.270	42.660
	角钢 63mm	kg	—	—	2.330	3.190
	扁钢 59mm 以内	kg	4.050	3.560	2.580	9.270
	圆钢 φ5.5~9	kg	2.930	1.900	0.750	0.120
	圆钢 φ10~14	kg	—	—	0.960	4.900
	六角螺栓带螺母 M6×30~50	10套	8.500	7.167	—	—
	六角螺栓带螺母 M8×30~50	10套	—	—	5.150	3.900
	膨胀螺栓 M12	套	2.000	2.000	1.500	1.000
	橡胶板 δ1~3	kg	1.460	1.300	0.970	0.920
	低碳钢焊条 J422 φ2.5	kg	15.280	10.070	8.280	8.170
	低碳钢焊条 J422 φ3.2	kg	0.420	0.340	0.150	0.090
	碳钢气焊条 φ2 以内	kg	2.200	1.680	1.480	1.490
	乙炔气	kg	0.745	0.569	0.498	0.506
	氧气	m³	2.085	1.593	1.395	1.416
	尼龙砂轮片 φ400	片	0.677	0.680	0.758	1.039
	电	kW·h	0.024	0.024	0.034	0.037
	其他材料费	%	1.00	1.00	1.00	1.00
机械	交流弧焊机 21kV·A	台班	4.070	2.270	1.730	1.710
	台式钻床 16mm	台班	0.340	0.290	0.210	0.160
	法兰卷圆机 L40×4	台班	0.500	0.320	0.180	0.140
	剪板机 6.3×2000	台班	0.100	0.060	0.040	0.020
	卷板机 2×1600	台班	0.100	0.060	0.040	0.020

2. 矩 形 风 管

工作内容： 1. 场内搬运、制作：放样、下料、折方、轧口、咬口、翻边、铆铆钉、点焊、焊接成型、制作直管、管件、法兰、吊托支架、钻孔、铆焊、上法兰、组对。
2. 安装：找标高、打支架墙洞、配合预留孔洞、埋设吊托支架、组装、风管就位、找平、找正、制垫、加垫、上螺栓、紧固。

计量单位：10m²

定 额 编 号				4-3-25	4-3-26	4-3-27	4-3-28	4-3-29
项 目				薄钢板矩形风管（δ=2mm 以内焊接）长边长（mm 以内）				
				320	450	1000	1250	2000
名 称			单位	消 耗 量				
人工	合计工日		工日	18.810	12.363	8.723	8.453	7.641
	其中	普工	工日	8.465	5.564	3.926	3.804	3.439
		一般技工	工日	8.464	5.563	3.925	3.804	3.438
		高级技工	工日	1.881	1.236	0.872	0.845	0.764
材料	热轧薄钢板 δ2.0		m²	（10.800）	（10.800）	（10.800）	（10.800）	（10.800）
	角钢 60mm		kg	40.420	35.660	29.220	30.630	34.860
	角钢 63mm		kg	—	—	0.160	0.185	0.260
	扁钢 59mm 以内		kg	2.150	1.330	1.120	1.095	1.020
	圆钢 φ5.5~9		kg	1.350	1.930	1.490	1.318	0.800
	圆钢 φ10~14		kg	—	—	—	—	1.850
	六角螺栓带螺母 M6×30~50		10套	16.900	8.150	—	—	—
	六角螺栓带螺母 M8×30~50		10套	—	—	4.300	4.063	3.350
	膨胀螺栓 M12		套	2.000	2.000	1.500	1.375	1.000
	橡胶板 δ1~3		kg	1.840	1.300	0.920	0.905	0.860
	低碳钢焊条 J422 φ2.5		kg	7.300	5.170	4.100	3.813	2.950
	低碳钢焊条 J422 φ3.2		kg	2.240	1.060	0.490	0.453	0.340
	碳钢气焊条 φ2 以内		kg	1.450	0.930	0.730	0.658	0.440
	乙炔气		kg	0.211	0.134	0.107	0.097	0.065
	氧气		m³	0.591	0.375	0.300	0.271	0.183
	尼龙砂轮片 φ400		片	0.759	0.673	0.553	0.574	0.667
	电		kW·h	0.027	0.024	0.020	0.021	0.024
	其他材料费		%	1.00	1.00	1.00	1.00	1.00
机械	交流弧焊机 21kV·A		台班	3.660	2.050	1.270	1.213	1.040
	台式钻床 16mm		台班	1.020	0.470	0.270	0.260	0.230
	剪板机 6.3×2000		台班	0.070	0.060	0.040	0.040	0.040
	折方机 4×2000		台班	0.070	0.060	0.040	0.040	0.040

工作内容： 1. 场内搬运、制作：放样、下料、折方、轧口、咬口、翻边、铆铆钉、点焊、焊接成型、制作直管、管件、法兰、吊托支架、钻孔、铆焊、上法兰、组对。

　　　　　2. 安装：找标高、打支架墙洞、配合预留孔洞、埋设吊托支架、组装、风管就位、找平、找正、制垫、加垫、上螺栓、紧固。

计量单位：10m²

定　额　编　号			4-3-30	4-3-31	4-3-32	4-3-33	4-3-34
项　　　目			薄钢板矩形风管（δ=3mm 以内焊接）长边长（mm 以内）				
			320	450	1000	1250	2000
名　　称		单位	消　耗　量				
人工	合计工日	工日	22.010	14.358	9.895	9.661	8.960
	其中 普工	工日	9.904	6.461	4.452	4.347	4.032
	一般技工	工日	9.905	6.461	4.453	4.348	4.032
	高级技工	工日	2.201	1.436	0.990	0.966	0.896
材料	热轧薄钢板 δ3.0	m²	（10.800）	（10.800）	（10.800）	（10.800）	（10.800）
	角钢 60mm	kg	42.860	39.350	34.560	38.178	49.030
	角钢 63mm	kg	—	—	0.160	0.185	0.260
	扁钢 59mm 以内	kg	2.150	1.330	1.120	1.095	1.020
	圆钢 φ5.5~9	kg	1.350	1.930	1.490	1.138	0.080
	圆钢 φ10~14	kg	—	—	—	—	1.850
	六角螺栓带螺母 M6×30~50	10套	16.900	8.150	—	—	—
	六角螺栓带螺母 M8×30~50	10套	—	—	4.300	4.063	3.350
	膨胀螺栓 M12	套	2.000	2.000	1.500	1.375	1.000
	橡胶板 δ1~3	kg	1.890	1.350	0.920	0.905	0.860
	低碳钢焊条 J422 φ2.5	kg	17.700	11.060	7.830	7.298	5.700
	低碳钢焊条 J422 φ3.2	kg	2.240	1.060	0.490	0.453	0.340
	碳钢气焊条 φ2 以内	kg	3.170	3.790	1.390	1.253	0.840
	乙炔气	kg	1.045	0.641	0.455	0.413	0.286
	氧气	m³	2.925	1.794	1.275	1.157	0.801
	尼龙砂轮片 φ400	片	0.801	0.736	0.645	0.701	0.903
	电	kW·h	0.029	0.026	0.023	0.025	0.032
	其他材料费	%	1.00	1.00	1.00	1.00	1.00
机械	交流弧焊机 21kV·A	台班	3.660	2.040	1.270	1.213	1.040
	台式钻床 16mm	台班	1.020	0.520	0.270	0.260	0.230
	剪板机 6.3×2000	台班	0.100	0.070	0.040	0.038	0.030
	折方机 4×2000	台班	0.100	0.070	0.040	0.040	0.040

四、不锈钢板风管制作、安装

1. 圆 形 风 管

工作内容: 1. 场内搬运、制作:放样、下料、剪切、卷圆、上法兰、点焊、焊接成型、
　　　　　　焊缝酸洗、钝化。
　　　　　2. 安装:找标高、起吊、找正、找平、修整墙洞、固定。

计量单位:10m²

定 额 编 号			4-3-35	4-3-36	4-3-37	4-3-38	4-3-39
项　　　目			不锈钢板圆形风管(电弧焊) 直径 × 壁厚(mm)				
			≤200×2	≤400×2	≤560×2	≤700×3	>700×3
名　　称		单位	消　耗　量				
人工	合计工日	工日	41.828	23.683	20.227	17.419	17.103
	其中　普工	工日	5.019	2.841	2.427	2.090	2.052
	一般技工	工日	28.443	16.105	13.755	11.845	11.630
	高级技工	工日	8.366	4.737	4.045	3.484	3.421
材料	不锈钢板 δ2.0	m²	(10.800)	(10.800)	(10.800)	—	—
	不锈钢板 δ3.0	m²	—	—	—	(10.800)	(10.800)
	不锈钢焊条 A102 φ2.5 以内	kg	8.230	6.730	6.120	—	—
	不锈钢焊条 A102 φ3.2	kg	—	—	—	11.020	10.250
	热轧薄钢板 δ0.5	m²	0.100	0.100	0.100	0.150	0.150
	铁砂布 0#~2#	张	26.000	26.000	19.500	19.500	19.500
	石油沥青油毡 350#	m²	1.010	1.010	1.110	1.210	1.210
	硝酸	kg	5.530	5.530	4.000	4.000	4.000
	煤油	kg	1.950	1.950	1.950	1.950	1.950
	钢锯条	条	26.000	26.000	21.000	21.000	21.000
	白垩粉	kg	3.000	3.000	3.000	3.000	3.000
	棉纱头	kg	1.300	1.300	1.300	1.300	1.300
	其他材料费	%	1.00	1.00	1.00	1.00	1.00
机械	直流弧焊机 20kV·A	台班	6.830	5.620	4.840	5.040	3.080
	卷板机 2×1600	台班	1.490	0.960	0.680	0.550	0.300
	剪板机 6.3×2000	台班	1.490	0.960	0.680	0.550	0.300

工作内容： 1. 场内搬运、制作：放样、下料、剪切、卷圆、上法兰、点焊、焊接成型、
焊缝酸洗、钝化。

　　　　　　2. 安装：找标高、起吊、找正、找平、修整墙洞、固定。　　　　　　　计量单位：$10m^2$

定 额 编 号			4-3-40	4-3-41	4-3-42	4-3-43	4-3-44
项　　　目			不锈钢圆形风管（氩弧焊）直径 × 壁厚（mm）				
			≤200×2	≤400×2	≤560×2	≤700×3	>700×3
名　　称		单位	消　耗　量				
人工	合计工日	工日	51.783	29.319	25.041	21.564	21.174
	其中 普工	工日	6.213	3.518	3.005	2.588	2.541
	一般技工	工日	35.213	19.937	17.028	14.663	14.398
	高级技工	工日	10.357	5.864	5.008	4.313	4.235
材料	不锈钢板 δ2.0	m^2	（10.800）	（10.800）	（10.800）	—	—
	不锈钢板 δ3.0	m^2	—	—	—	（10.800）	（10.800）
	不锈钢焊丝 1Cr18Ni9Ti	kg	4.115	3.365	3.060	5.510	5.125
	热轧薄钢板 δ0.5	m^2	0.100	0.100	0.100	0.150	0.150
	铁砂布 0#~2#	张	26.000	26.000	19.500	19.500	19.500
	硝酸	kg	5.530	5.530	4.000	4.000	4.000
	煤油	kg	1.950	1.950	1.950	1.950	1.950
	钢锯条	条	26.000	26.000	21.000	21.000	21.000
	棉纱头	kg	1.300	1.300	1.300	1.300	1.300
	氩气	m^3	14.002	11.521	9.922	10.332	6.314
	钍钨棒	kg	0.027	0.022	0.019	0.020	0.012
	其他材料费	%	1.00	1.00	1.00	1.00	1.00
机械	氩弧焊机 500A	台班	13.660	11.240	9.680	10.080	6.160
	卷板机 2×1600	台班	1.490	0.960	0.680	0.550	0.300
	剪板机 6.3×2000	台班	1.490	0.960	0.680	0.550	0.300

2. 矩 形 风 管

工作内容: 1. 场内搬运、制作:放样、下料、剪切、折方、上法兰、点焊、焊接成型、
　　　　　　焊缝酸洗、钝化。
　　　　　2. 安装:找标高、起吊、找正、找平、修整墙洞、固定。　　　　　计量单位:10m²

定 额 编 号			4-3-45	4-3-46	4-3-47	4-3-48	4-3-49
项 目			不锈钢板矩形风管(电弧焊) 长边长 × 壁厚(mm)				
			≤200×2	≤400×2	≤560×2	≤700×3	>700×3
名 称		单位	消 耗 量				
人工	合计工日	工日	41.828	23.683	20.227	17.419	17.103
	其中 普工	工日	5.019	2.841	2.427	2.090	2.052
	一般技工	工日	28.443	16.105	13.755	11.845	11.630
	高级技工	工日	8.366	4.737	4.045	3.484	3.421
材料	不锈钢板 δ2.0	m²	(10.800)	(10.800)	(10.800)	—	—
	不锈钢板 δ3.0	m²	—	—	—	(10.800)	(10.800)
	不锈钢焊条 A102 φ2.5 以内	kg	8.230	6.730	6.120	—	—
	不锈钢焊条 A102 φ3.2	kg	—	—	—	11.020	10.250
	热轧薄钢板 δ0.5	m²	0.100	0.100	0.100	0.150	0.150
	铁砂布 0#~2#	张	26.000	26.000	19.500	19.500	19.500
	石油沥青油毡 350#	m²	1.010	1.010	1.110	1.210	1.210
	硝酸	kg	5.530	5.530	4.000	4.000	4.000
	煤油	kg	1.950	1.950	1.950	1.950	1.950
	钢锯条	条	26.000	26.000	21.000	21.000	21.000
	白垩粉	kg	3.000	3.000	3.000	3.000	3.000
	棉纱头	kg	1.300	1.300	1.300	1.300	1.300
	其他材料费	%	1.00	1.00	1.00	1.00	1.00
机械	直流弧焊机 20kV·A	台班	6.830	5.620	4.840	5.040	3.080
	折方机 4×2000	台班	1.490	0.960	0.680	0.550	0.300
	剪板机 6.3×2000	台班	1.490	0.960	0.680	0.550	0.300

工作内容： 1. 场内搬运、制作：放样、下料、剪切、折方、上法兰、点焊、焊接成型、焊缝酸洗、钝化。
2. 安装：找标高、起吊、找正、找平、修整墙洞、固定。 计量单位：10m²

定 额 编 号			4-3-50	4-3-51	4-3-52	4-3-53	4-3-54
项 目			不锈钢矩形风管（氩弧焊） 长边长 × 壁厚（mm）				
			≤200×2	≤400×2	≤560×2	≤700×3	>700×3
名 称		单位	消 耗 量				
人工	合计工日	工日	51.783	29.319	25.041	21.564	21.174
	其中 普工	工日	6.213	3.518	3.005	2.588	2.541
	一般技工	工日	35.213	19.937	17.028	14.663	14.398
	高级技工	工日	10.357	5.864	5.008	4.313	4.235
材料	不锈钢板 δ2.0	m²	（10.800）	（10.800）	（10.800）	—	—
	不锈钢板 δ3.0	m²	—	—	—	（10.800）	（10.800）
	不锈钢焊丝 1Cr18Ni9Ti	kg	4.115	3.365	3.060	5.510	5.125
	热轧薄钢板 δ0.5	m²	0.100	0.100	0.100	0.150	0.150
	铁砂布 0#~2#	张	26.000	26.000	19.500	19.500	19.500
	硝酸	kg	5.530	5.530	4.000	4.000	4.000
	煤油	kg	1.950	1.950	1.950	1.950	1.950
	钢锯条	条	26.000	26.000	21.000	21.000	21.000
	棉纱头	kg	1.300	1.300	1.300	1.300	1.300
	氩气	m³	14.002	11.521	9.922	10.332	6.314
	钍钨棒	kg	0.027	0.022	0.019	0.020	0.012
	其他材料费	%	1.00	1.00	1.00	1.00	1.00
机械	氩弧焊机 500A	台班	13.660	11.240	9.680	10.080	6.160
	折方机 4×2000	台班	1.490	0.960	0.680	0.550	0.300
	剪板机 6.3×2000	台班	1.490	0.960	0.680	0.550	0.300

五、铝板风管制作、安装

1. 圆 形 风 管

工作内容: 1. 场内搬运、制作:放样、下料、卷圆、折方、制作管件、组对焊接、试漏、
清洗焊口。

2. 安装:找标高、清理墙洞、风管就位、组对焊接、试漏、清洗焊口、固定。　　计量单位:10m²

定　额　编　号			4-3-55	4-3-56	4-3-57	4-3-58
项　　　目			铝板圆形风管(氧乙炔焊) 直径 × 壁厚(mm)			
			≤200×2	≤400×2	≤630×2	≤2000×2
名　　　称		单位	消 耗 量			
人工	合计工日	工日	55.617	41.034	30.868	25.583
	其中 普工	工日	6.674	4.924	3.704	3.070
	一般技工	工日	37.820	27.903	20.990	17.396
	高级技工	工日	11.123	8.207	6.174	5.117
材料	铝板 δ2	m²	(10.800)	(10.800)	(10.800)	(10.800)
	热轧薄钢板 δ0.5	m²	0.010	0.010	0.100	0.150
	铝焊丝 丝301 φ3.0	kg	2.520	2.040	1.880	2.160
	铝焊粉	kg	3.090	2.520	2.320	2.670
	乙炔气	kg	6.883	5.561	5.087	5.904
	氧气	m³	19.270	15.570	14.240	16.530
	钢锯条	条	13.000	11.050	9.100	9.100
	煤油	kg	1.950	1.950	1.950	1.950
	氢氧化钠(烧碱)	kg	2.600	2.600	2.600	2.600
	酒精	kg	1.300	1.300	1.300	1.300
	铁砂布 0#~2#	张	19.500	19.500	19.500	19.500
	石油沥青油毡 350#	m²	1.010	1.010	1.110	1.210
	棉纱头	kg	1.300	1.300	1.300	1.300
	白垩粉	kg	2.500	2.500	2.500	2.500
	其他材料费	%	1.00	1.00	1.00	1.00
机械	剪板机 6.3×2000	台班	1.110	0.710	0.390	0.280
	卷板机 2×1600	台班	1.110	0.710	0.390	0.280

工作内容: 1. 场内搬运、制作:放样、下料、卷圆、折方、制作管件、组对焊接、试漏、
清洗焊口。
　　　　　2. 安装:找标高、清理墙洞、风管就位、组对焊接、试漏、清洗焊口、固定。　计量单位:10m²

定　额　编　号			4-3-59	4-3-60	4-3-61	4-3-62	4-3-63
项　　目			铝板圆形风管(氧乙炔焊)　直径 × 壁厚(mm)				
			≤200×3	≤400×3	≤630×3	≤700×3	>700×3
名　　称		单位	消　耗　量				
人工	合计工日	工日	59.562	43.874	32.739	27.060	23.475
	其中 普工	工日	7.148	5.265	3.928	3.248	2.817
	一般技工	工日	40.502	29.834	22.263	18.400	15.963
	高级技工	工日	11.912	8.775	6.548	5.412	4.695
材料	铝板 δ3	m²	(10.800)	(10.800)	(10.800)	(10.800)	(10.800)
	热轧薄钢板 δ0.5	m²	0.100	0.100	0.100	0.150	0.150
	铝焊丝 丝301 φ3.0	kg	3.920	3.180	2.920	3.370	3.150
	铝焊粉	kg	4.040	3.280	3.010	3.490	3.240
	乙炔气	kg	8.817	7.196	6.600	7.643	7.122
	氧气	m³	24.690	20.150	18.480	21.400	19.940
	钢锯条	条	13.000	11.050	9.100	9.100	9.100
	煤油	kg	1.950	1.950	1.950	1.950	1.950
	氢氧化钠(烧碱)	kg	2.600	2.600	2.600	2.600	2.600
	酒精	kg	1.300	1.300	1.300	1.300	1.300
	铁砂布 0#~2#	张	19.500	19.500	19.500	19.500	19.500
	石油沥青油毡 350#	m²	1.010	1.010	1.110	1.210	1.210
	棉纱头	kg	1.300	1.300	1.300	1.300	1.300
	白垩粉	kg	2.500	2.500	2.400	2.300	2.300
	其他材料费	%	1.00	1.00	1.00	1.00	1.00
机械	剪板机 6.3×2000	台班	1.230	0.790	0.440	0.310	0.230
	卷板机 2×1600	台班	1.230	0.790	0.440	0.310	0.230

工作内容：1.场内搬运、制作：放样、下料、卷圆、折方、制作管件、组对焊接、试漏、
清洗焊口。
　　　　　2.安装：找标高、清理墙洞、风管就位、组对焊接、试漏、清洗焊口、固定。　　　计量单位：10m²

定　额　编　号			4-3-64	4-3-65	4-3-66	4-3-67
项　　　目			铝板圆形风管（氩弧焊）直径 × 壁厚（mm）			
			≤200×2	≤400×2	≤630×2	≤700×2
名　　　称		单位	消　耗　量			
人工	合计工日	工日	51.346	37.883	28.498	23.619
	其中 普工	工日	6.161	4.545	3.419	2.834
	一般技工	工日	34.916	25.761	19.379	16.061
	高级技工	工日	10.269	7.577	5.700	4.724
材料	铝板 δ2	m²	（10.800）	（10.800）	（10.800）	（10.800）
	热轧薄钢板 δ0.5	m²	0.100	0.100	0.100	0.150
	铝锰合金焊丝 丝321 φ1~6	kg	5.610	4.560	4.200	4.830
	钢锯条	条	13.000	11.050	9.100	9.100
	煤油	kg	1.950	1.950	1.950	1.950
	氢氧化钠（烧碱）	kg	2.600	2.600	2.600	2.600
	酒精	kg	1.300	1.300	1.300	1.300
	铁砂布 0#~2#	张	19.500	19.500	19.500	19.500
	棉纱头	kg	1.300	1.300	1.300	1.300
	氩气	m³	18.632	15.331	13.770	15.986
	钍钨棒	kg	0.037	0.030	0.027	0.032
	其他材料费	%	1.00	1.00	1.00	1.00
机械	氩弧焊机 500A	台班	13.660	11.240	10.095	11.720
	剪板机 6.3×2000	台班	1.110	0.710	0.390	0.280
	卷板机 2×1600	台班	1.110	0.710	0.390	0.280

工作内容： 1. 场内搬运、制作：放样、下料、卷圆、折方、制作管件、组对焊接、试漏、清洗焊口。

2. 安装：找标高、清理墙洞、风管就位、组对焊接、试漏、清洗焊口、固定。　　　**计量单位：10m²**

定额编号			4-3-68	4-3-69	4-3-70	4-3-71	4-3-72
项　目			铝板圆形风管（氩弧焊）直径 × 壁厚（mm）				
			≤200×3	≤400×3	≤630×3	≤700×3	>700×3
名　称		单位	消　耗　量				
人工	合计工日	工日	54.987	40.504	30.224	24.981	21.673
	其中 普工	工日	6.599	4.860	3.626	2.998	2.600
	一般技工	工日	37.391	27.543	20.553	16.987	14.738
	高级技工	工日	10.997	8.101	6.045	4.996	4.335
材料	铝板 δ3	m²	(10.800)	(10.800)	(10.800)	(10.800)	(10.800)
	热轧薄钢板 δ0.5	m²	0.100	0.100	0.100	0.150	0.150
	铝锰合金焊丝 丝321 φ1~6	kg	7.960	6.460	5.930	6.860	6.390
	钢锯条	条	13.000	11.050	9.100	9.100	9.100
	煤油	kg	1.950	1.950	1.950	1.950	1.950
	氢氧化钠（烧碱）	kg	2.600	2.600	2.600	2.600	2.600
	酒精	kg	1.300	1.300	1.300	1.300	1.300
	铁砂布 0#~2#	张	19.500	19.500	19.500	19.500	19.500
	棉纱头	kg	1.300	1.300	1.300	1.300	1.300
	氩气	m³	23.867	19.489	17.868	13.749	8.402
	钍钨棒	kg	0.047	0.039	0.035	0.027	0.017
	其他材料费	%	1.00	1.00	1.00	1.00	1.00
机械	氩弧焊机 500A	台班	17.498	14.288	13.100	10.080	6.160
	剪板机 6.3×2000	台班	1.230	0.790	0.440	0.310	0.230
	卷板机 2×1600	台班	1.230	0.790	0.440	0.310	0.230

2. 矩 形 风 管

工作内容：1. 场内搬运、制作：放样、下料、折方、制作管件、组对焊接、试漏、清洗
焊口。
2. 安装：找标高、清理墙洞、风管就位、组对焊接、试漏、清洗焊口、固定。　计量单位：10m²

定 额 编 号			4-3-73	4-3-74	4-3-75	4-3-76	4-3-77	4-3-78
项 目			铝板矩形风管（氧乙炔焊）长边长 × 壁厚（mm）					
			≤320×2	≤630×2	≤2000×2	≤320×3	≤630×3	≤2000×3
名 称		单位	消 耗 量					
人工	合计工日	工日	32.123	22.010	17.018	34.621	21.977	17.018
	其中 普工	工日	3.854	2.641	2.042	4.154	2.638	2.042
	一般技工	工日	21.844	14.967	11.572	23.543	14.944	11.572
	高级技工	工日	6.425	4.402	3.404	6.924	4.395	3.404
材料	铝板 δ2	m²	（10.800）	（10.800）	（10.800）	—	—	—
	铝板 δ3	m²	—	—	—	（10.800）	（10.800）	（10.800）
	铝焊丝 丝301 φ3.0	kg	3.100	1.720	1.110	4.390	2.960	1.910
	铝焊粉	kg	3.830	2.110	1.370	4.530	3.050	1.980
	乙炔气	kg	8.461	4.652	3.009	9.970	6.678	4.309
	氧气	m³	23.690	13.030	8.430	27.920	18.700	12.070
	钢锯条	条	13.000	8.450	7.800	13.000	9.100	7.800
	煤油	kg	2.600	1.950	1.890	2.600	1.950	1.920
	氢氧化钠（烧碱）	kg	4.500	2.600	2.600	2.600	2.600	2.600
	酒精	kg	1.300	1.300	1.300	1.300	1.300	1.300
	铁砂布 0#~2#	张	19.500	13.000	11.700	19.500	13.000	12.350
	石油沥青油毡 350#	m²	0.500	0.500	0.500	0.500	0.500	0.500
	棉纱头	kg	1.300	1.300	1.300	1.300	1.300	1.300
	白垩粉	kg	2.500	2.500	2.500	2.500	2.500	2.500
	其他材料费	%	1.00	1.00	1.00	1.00	1.00	1.00
机械	剪板机 6.3×2000	台班	0.846	0.680	0.500	0.900	0.810	0.420
	折方机 4×2000	台班	0.846	0.680	0.500	0.900	0.810	0.420

工作内容：1. 场内搬运、制作：放样、下料、折方、制作管件、组对焊接、试漏、清洗焊口。
　　　　　　2. 安装：找标高、清理墙洞、风管就位、组对焊接、试漏、清洗焊口、固定。　　**计量单位：10m²**

定　额　编　号			4-3-79	4-3-80	4-3-81	4-3-82	4-3-83	4-3-84
项　　目			铝板矩形风管（氩弧焊）长边长 × 壁厚（mm）					
			≤320×2	≤630×2	≤2000×2	≤320×3	≤630×3	≤2400×3
名　　称		单位	消　耗　量					
人工	合计工日	工日	35.692	22.010	17.018	34.621	21.977	17.018
	其中 普工	工日	4.283	2.641	2.042	4.154	2.638	2.042
	一般技工	工日	24.271	14.967	11.572	23.543	14.944	11.572
	高级技工	工日	7.138	4.402	3.404	6.924	4.395	3.404
材料	铝板 δ2	m²	（10.800）	（10.800）	（10.800）	—	—	—
	铝板 δ3	m²	—	—	—	（10.800）	（10.800）	（10.800）
	铝锰合金焊丝 丝321 φ1~6	kg	6.930	3.830	2.480	8.920	6.010	3.890
	钢锯条	条	13.000	8.450	7.800	13.000	9.100	7.800
	煤油	kg	2.600	1.950	1.890	2.600	1.950	1.920
	氢氧化钠（烧碱）	kg	4.500	2.600	2.600	2.600	2.600	2.600
	酒精	kg	1.300	1.300	1.300	1.300	1.300	1.300
	铁砂布 0#~2#	张	19.500	13.000	11.700	19.500	13.000	12.350
	棉纱头	kg	1.300	1.300	1.300	1.300	1.300	1.300
	氩气	m³	23.016	12.877	8.131	26.746	18.131	11.721
	钍钨棒	kg	0.046	0.025	0.016	0.053	0.036	0.023
	其他材料费	%	1.00	1.00	1.00	1.00	1.00	1.00
机械	氩弧焊机 500A	台班	16.874	9.441	5.961	19.608	13.293	8.593
	剪板机 6.3×2000	台班	0.940	0.680	0.500	0.900	0.810	0.420
	折方机 4×2000	台班	0.940	0.680	0.500	0.900	0.810	0.420

六、塑料风管制作、安装

1.圆形风管

工作内容：1. 场内搬运、制作：放样、锯切、坡口、加热成型、制作法兰、管件、钻孔、
　　　　　　　　组合焊接。
　　　　　　2. 安装：就位、制垫、加垫、法兰连接、找正、找平、固定。

计量单位：10m²

定　额　编　号			4-3-85	4-3-86	4-3-87	4-3-88	4-3-89
项　　目			塑料圆形风管　直径 × 壁厚（mm）				
			≤320×3	≤500×4	≤1000×5	≤1250×6	≤2000×8
名　　称		单位	消 耗 量				
人工	合计工日	工日	35.636	22.081	21.526	22.172	23.815
	其中　普工	工日	16.036	9.936	9.686	9.978	10.716
	一般技工	工日	16.036	9.937	9.687	9.977	10.717
	高级技工	工日	3.564	2.208	2.153	2.217	2.382
材料	硬聚氯乙烯板 δ3~8	m²	（11.600）	（11.600）	（11.600）	（11.600）	（11.600）
	硬聚氯乙烯板 δ6	m²	0.610	0.070	0.460	—	—
	硬聚氯乙烯板 δ8	m²	0.350	0.750	0.060	0.450	0.410
	硬聚氯乙烯板 δ12	m²	—	—	0.640	0.630	0.610
	软聚氯乙烯板 δ4	m²	0.570	0.450	0.380	0.380	0.370
	六角螺栓带螺母 M8×75	10 套	11.500	8.000	—	—	—
	六角螺栓带螺母 M10×75	10 套	—	—	5.200	5.000	4.200
	垫圈 M2~8	10 个	23.000	16.000	—	—	—
	垫圈 M10~20	10 个	—	—	10.400	10.000	8.400
	硬聚氯乙烯焊条 φ4	kg	5.010	4.060	5.190	5.330	5.890
	其他材料费	%	1.00	1.00	1.00	1.00	1.00
机械	台式钻床 16mm	台班	0.660	0.460	0.300	0.290	0.270
	坡口机 2.8kW	台班	0.420	0.290	0.320	0.330	0.360
	电动空气压缩机 0.6m³/min	台班	6.710	4.850	5.670	5.680	5.720
	弓锯床 250mm	台班	0.190	0.130	0.160	0.160	0.150
	箱式加热炉 45kW	台班	2.280	0.750	0.730	0.700	0.620

2. 矩 形 风 管

工作内容： 1. 场内搬运、制作：放样、锯切、坡口、加热成型、制作法兰、管件、钻孔、
组合焊接。
2. 安装：就位、制垫、加垫、法兰连接、找正、找平、固定。　　　计量单位：10m²

定 额 编 号			4-3-90	4-3-91	4-3-92	4-3-93	4-3-94
项 目			塑料矩形风管 长边长 × 壁厚（mm）				
			≤320×3	≤500×4	≤800×5	≤1250×6	≤2000×8
名 称		单位	消 耗 量				
人工	合计工日	工日	26.611	25.347	24.017	23.661	21.238
	其中 普工	工日	11.975	11.406	10.808	10.647	9.557
	一般技工	工日	11.975	11.406	10.807	10.648	9.557
	高级技工	工日	2.661	2.535	2.402	2.366	2.124
材料	硬聚氯乙烯板 δ3~8	m²	（11.600）	（11.600）	（11.600）	（11.600）	（11.600）
	硬聚氯乙烯板 δ6	m²	0.040	0.820	—	—	—
	硬聚氯乙烯板 δ8	m²	0.580	0.520	0.910	—	—
	硬聚氯乙烯板 δ12	m²	—	—	0.570	1.460	—
	硬聚氯乙烯板 δ14	m²	—	—	—	—	1.120
	软聚氯乙烯板 δ4	m²	0.290	0.260	0.280	0.300	0.310
	六角螺栓带螺母 M8×75	10套	6.500	5.200	—	—	—
	六角螺栓带螺母 M10×75	10套	—	—	4.800	4.500	4.200
	垫圈 M10~20	10个	13.000	10.400	9.600	9.000	8.400
	硬聚氯乙烯焊条 φ4	kg	3.970	4.490	6.020	6.310	7.050
	其他材料费	%	1.00	1.00	1.00	1.00	1.00
机械	台式钻床 16mm	台班	0.350	0.310	0.290	0.260	0.300
	坡口机 2.8kW	台班	0.310	0.380	0.390	0.390	0.410
	电动空气压缩机 0.6m³/min	台班	6.050	6.600	7.120	6.460	6.430
	弓锯床 250mm	台班	0.150	0.200	0.210	0.220	0.210
	箱式加热炉 45kW	台班	0.210	0.090	0.070	0.060	0.060

七、玻璃钢通风管道安装

1. 圆 形 风 管

工作内容: 场内搬运、找标高、打支架墙洞、配合预留孔洞、吊托支架制作及埋设、
风管配合修补、粘接、组装就位、找平、找正、制垫、加垫、上螺栓、紧固。　　计量单位:10m²

定 额 编 号				4-3-95	4-3-96	4-3-97	4-3-98
项　　　　目				玻璃钢圆形风管　直径(mm以内)			
				200	500	800	2000
名　　　称			单位	消　耗　量			
人工	合计工日		工日	9.614	5.021	4.129	4.756
	其中	普工	工日	4.327	2.260	1.858	2.140
		一般技工	工日	4.326	2.259	1.858	2.140
		高级技工	工日	0.961	0.502	0.413	0.476
材料	玻璃钢风管　$\delta1.5\sim4$		m²	(10.320)	(10.320)	(10.320)	(10.320)
	角钢　60mm		kg	8.620	12.640	14.020	14.850
	扁钢　59mm以内		kg	4.130	1.420	0.860	3.710
	圆钢　$\phi5.5\sim9$		kg	2.930	1.900	0.750	0.120
	圆钢　$\phi10\sim14$		kg	—	—	1.210	4.900
	六角螺栓带螺母　M8×75以下		10套	9.350	7.890	—	—
	六角螺栓带螺母　M10×75以下		10套	—	—	5.670	4.290
	橡胶板　$\delta1\sim3$		kg	1.400	1.240	0.970	0.920
	低碳钢焊条　J422 $\phi3.2$		kg	0.170	0.140	0.060	0.040
	氧气		m³	0.087	0.117	0.123	0.177
	乙炔气		kg	0.031	0.042	0.044	0.063
	其他材料费		%	1.00	1.00	1.00	1.00
机械	交流弧焊机　21kV·A		台班	0.064	0.052	0.020	0.010
	台式钻床　16mm		台班	0.280	0.240	0.170	0.140
	法兰卷圆机　L40×4		台班	0.500	0.130	0.070	0.020

2. 矩 形 风 管

工作内容: 场内搬运、找标高、打支架墙洞、配合预留孔洞、吊托支架制作及埋设、
风管配合修补、粘接、组装就位、找平、找正、制垫、加垫、上螺栓、紧固。 　　计量单位:10m²

定　额　编　号			4-3-99	4-3-100	4-3-101	4-3-102
项　　　　目			玻璃钢矩形风管　长边长（mm 以内）			
			200	500	800	2000
名　　　称		单位	消　　耗　　量			
人工	合计工日	工日	6.208	3.701	2.788	3.376
	其中 普工	工日	2.794	1.666	1.255	1.519
	一般技工	工日	2.793	1.665	1.254	1.519
	高级技工	工日	0.621	0.370	0.279	0.338
材料	玻璃钢风管 1.5~4	m²	（10.320）	（10.320）	（10.320）	（10.320）
	角钢 60mm	kg	16.170	14.260	14.080	18.160
	扁钢 59mm 以内	kg	0.860	0.530	0.450	0.410
	圆钢 ϕ5.5~9	kg	1.350	1.930	1.490	0.080
	圆钢 ϕ10~14	kg	—	—	—	1.850
	六角螺栓带螺母 M8×75 以下	10 套	18.590	9.960	—	—
	六角螺栓带螺母 M10×75 以下	10 套	—	—	4.730	3.690
	橡胶板 δ1~3	kg	1.840	1.300	0.920	0.810
	低碳钢焊条 J422 ϕ3.2	kg	0.900	0.420	0.180	0.140
	氧气	m³	0.138	0.123	0.117	0.153
	乙炔气	kg	0.050	0.044	0.042	0.055
	其他材料费	%	1.00	1.00	1.00	1.00
机械	交流弧焊机 21kV·A	台班	0.200	0.090	0.040	0.030
	台式钻床 16mm	台班	0.460	0.240	0.150	0.120

八、复合型风管制作、安装

1. 法兰圆形风管

工作内容： 1. 场内搬运、制作：放样、切割、开槽、成型、制作管体、钻孔、组合。
2. 安装：找标高、打支架墙洞、配合预留孔洞、埋设吊托支架、组装、风管就位、制垫、加垫、固定。

计量单位：10m²

定 额 编 号			4-3-103	4-3-104	4-3-105	4-3-106
项 目			复合型圆形风管 直径（mm 以内）			
			300	630	1000	2000
名 称		单位	消 耗 量			
人工	合计工日	工日	1.645	1.014	0.980	1.048
	其中 普工	工日	0.740	0.457	0.441	0.471
	一般技工	工日	0.740	0.456	0.441	0.472
	高级技工	工日	0.165	0.101	0.098	0.105
材料	复合型板材	m²	（11.600）	（11.600）	（11.600）	（11.600）
	热敏铝箔胶带 64mm	m	（35.120）	（20.360）	（13.530）	（8.490）
	扁钢 59mm 以内	kg	6.640	4.770	3.780	4.440
	圆钢 φ5.5~9	kg	4.880	2.750	5.380	7.090
	膨胀螺栓 M12	套	2.000	2.000	1.500	1.000
	六角螺母 M6~10	10 个	—	—	3.540	3.030
	垫圈 M2~8	10 个	—	—	3.540	3.030
	其他材料费	%	1.00	1.00	1.00	1.00
机械	开槽机	台班	0.180	0.120	0.130	0.150
	封口机	台班	0.280	0.200	0.130	0.120

2.法兰矩形风管

工作内容: 1.场内搬运、制作:放样、切割、开槽、成型、制作管体、钻孔、组合。
2.安装:找标高、打支架墙洞、配合预留孔洞、埋设吊托支架、组装、
风管就位、制垫、加垫、固定。

计量单位:10m²

定 额 编 号			4-3-107	4-3-108	4-3-109	4-3-110	4-3-111
项 目			复合型矩形风管 周长(mm)				
			300 以内	630 以内	1000 以内	2000 以内	2000 以上
名 称		单位	消 耗 量				
人工	合计工日	工日	1.228	1.172	1.104	1.093	0.980
	其中 普工	工日	0.552	0.528	0.497	0.492	0.441
	一般技工	工日	0.553	0.527	0.497	0.492	0.441
	高级技工	工日	0.123	0.117	0.110	0.109	0.098
材料	复合型板材	m²	(11.800)	(11.800)	(11.800)	(11.800)	(11.800)
	热敏铝箔胶带 64mm	m	(22.290)	(21.230)	(18.040)	(18.520)	(10.270)
	角钢 60mm	kg	8.390	11.870	4.730	2.980	4.400
	圆钢 φ5.5~9	kg	5.420	6.120	4.300	8.000	7.900
	镀锌薄钢板 δ1~1.5	kg	0.710	0.710	1.260	1.260	1.650
	膨胀螺栓 M12	套	2.000	1.500	1.500	1.500	1.000
	自攻螺钉 ST4×12	10个	—	4.000	4.000	5.000	5.000
	六角螺母 M6~10	10个	—	—	2.310	5.440	3.450
	垫圈 M2~8	10个	—	—	2.310	5.440	3.450
	其他材料费	%	1.00	1.00	1.00	1.00	1.00
机械	开槽机	台班	0.130	0.160	0.160	0.160	0.180
	封口机	台班	0.150	0.130	0.120	0.110	0.130

九、柔性软风管安装

1. 无保温套管

工作内容： 场内搬运、就位、加垫、连接、找平、找正、固定。　　　　　　　　　　计量单位：m

定　额　编　号			4-3-112	4-3-113	4-3-114	4-3-115	4-3-116
项　　目			无保温套管　直径（mm以内）				
			150	250	500	710	910
名　　称		单位	消　耗　量				
人工	合计工日	工日	0.034	0.045	0.056	0.079	0.101
	其中　普工	工日	0.016	0.020	0.025	0.035	0.045
	一般技工	工日	0.015	0.020	0.025	0.036	0.046
	高级技工	工日	0.003	0.005	0.006	0.008	0.010
材料	柔性软风管	m	（1.000）	（1.000）	（1.000）	（1.000）	（1.000）
	不锈钢 U 形卡 3	个	1.333	1.333	1.333	1.333	1.333

2. 有保温套管

工作内容： 场内搬运、就位、加垫、连接、找平、找正、固定。　　　　　　　　　　计量单位：m

定　额　编　号			4-3-117	4-3-118	4-3-119	4-3-120	4-3-121
项　　目			有保温套管　直径（mm以内）				
			150	250	500	710	910
名　　称		单位	消　耗　量				
人工	合计工日	工日	0.045	0.056	0.079	0.101	0.135
	其中　普工	工日	0.020	0.025	0.035	0.045	0.060
	一般技工	工日	0.020	0.025	0.036	0.046	0.061
	高级技工	工日	0.005	0.006	0.008	0.010	0.014
材料	柔性软风管	m	（1.000）	（1.000）	（1.000）	（1.000）	（1.000）
	不锈钢 U 形卡 3	个	1.333	1.333	1.333	1.333	1.333

十、弯头导流叶片、软管接口、挡烟垂壁及其他

1. 弯头导流叶片、软管接口、风管检查孔、温度、风量测定孔

工作内容： 场内搬运、放样、下料、开孔、钻眼、铆接、焊接、成型、组装、加垫、紧螺栓、焊锡。

定 额 编 号			4-3-122	4-3-123	4-3-124	4-3-125
项 目			弯头导流叶片	软管接口	风管检查孔	温度、风量测定孔
计 量 单 位			m²	m²	100kg	个
名 称		单位	消 耗 量			
人工	合计工日	工日	1.781	1.837	23.633	0.687
	其中 普工	工日	0.802	0.827	10.635	0.309
	一般技工	工日	0.801	0.826	10.635	0.309
	高级技工	工日	0.178	0.184	2.363	0.069
材料	镀锌薄钢板 δ0.75	m²	1.140	—	—	—
	热轧薄钢板 δ1.0~1.5	kg	—	—	76.360	—
	热轧薄钢板 δ2.0~2.5	kg	—	—	—	0.180
	铁铆钉	kg	0.150	0.070	1.430	—
	角钢 60mm	kg	—	18.330	—	—
	扁钢 59mm 以内	kg	—	8.320	31.760	—
	圆钢 φ5.5~9	kg	—	—	1.410	—
	六角螺栓带螺母 M8×75 以下	10 套	—	2.600	—	—
	带帽六角螺栓 M2~5×4~20	10 套	—	—	—	0.416
	六角螺母 M6~10	10 个	—	—	12.120	—
	帆布	m²	—	1.150	—	—
	橡胶板 δ1~3	kg	—	0.970	—	—
	低碳钢焊条 J422 φ3.2	kg	—	0.060	—	0.110
	弹簧垫圈 2~10	10 个	—	—	12.120	0.424
	酚醛塑料把手 BX32	个	—	—	120.040	—
	闭孔乳胶海绵 δ20	m²	—	—	5.070	—
	圆锥销 3×18	10 个	—	—	4.040	—
	镀锌丝堵 DN50（堵头）	个	—	—	—	1.000
	熟铁管箍 DN50	个	—	—	—	1.000
	其他材料费	%	1.00	1.00	1.00	1.00
机械	交流弧焊机 21kV·A	台班	—	0.018	0.690	0.010
	台式钻床 16mm	台班	—	0.144	1.730	0.030
	普通车床 400×1000	台班	—	—	1.500	0.050

2. 挡 烟 垂 壁

工作内容：场内搬运、搭设脚手架、放线、打眼、上胀栓、焊骨架、安装。   计量单位：m²

定 额 编 号				4-3-126
项 目				挡烟垂壁
名 称			单位	消 耗 量
人工	合计工日		工日	0.350
	其中	普工	工日	0.157
		一般技工	工日	0.158
		高级技工	工日	0.035
材料	镀锌薄钢板 综合		m²	（1.050）
	角钢 60mm		kg	2.800
	镀锌膨胀螺栓 M12		10 个	0.400
	其他材料费		%	1.00
机械	剪板机 6.3×2000		台班	0.020
	砂轮切割机 φ350		台班	0.005
	台式钻床 16mm		台班	0.010
	轻便钻孔机		台班	0.010

第四章　通风管道部件制作、安装

说　明

一、本章内容包括通风管道各种碳钢调节阀、柔性软风管阀门、碳钢风口、塑料散流器、塑料空气分布器、铝制孔板口安装；不锈钢风口、法兰、吊托支架制作、安装；静压箱制作、安装。

二、有关说明：

1. 碳钢百叶风口安装子目适用于带调节板活动百叶风口、单层百叶风口、双层百叶风口、三层百叶风口、连动百叶风口、135 型单层百叶风口、135 型双层百叶风口、135 型带导流叶片百叶风口、活动金属百叶风口。风口的宽与长之比≤0.125 为条缝形风口，执行百叶风口子目，人工乘以系数 1.10。

2. 蝶阀安装子目适用于圆形保温蝶阀，方形、矩形保温蝶阀，圆形蝶阀，矩形蝶阀，风管止回阀安装子目适用于圆形风管止回阀，矩形风管止回阀。

3. 铝合金或其他材料制作的调节阀安装应执行本章相应子目。

4. 碳钢散流器安装子目适用于圆形直片散流器、矩形直片散流器、流线型散流器。

5. 碳钢送吸风口安装子目适用于单面送吸风口、双面送吸风口。

6. 铝合金风口安装应执行碳钢风口子目，人工乘以系数 0.90。

7. 铝制孔板风口如需电化处理时，电化费另行计算。

8. 管式消声器安装适用于各类管式消声器。

9. 静压箱吊托支架执行设备支架子目。

10. 排烟风口吊托支架执行设备支架子目。

工程量计算规则

1. 碳钢调节阀安装依据其类型、直径（圆形）或周长（矩形），按设计图示数量计算，以"个"为计量单位。

2. 柔性软风管阀门安装按设计图示数量计算，以"个"为计量单位。

3. 碳钢各种风口、散流器的安装依据类型、规格尺寸按设计图示数量计算，以"个"为计量单位。

4. 钢百叶窗及活动金属百叶风口安装依据规格尺寸按设计图示数量计算，以"个"为计量单位。

5. 塑料通风管道柔性接口及伸缩节制作与安装应依连接方式按设计图示尺寸以展开面积计算，以"m²"为计量单位。

6. 塑料通风管道分布器、散流器的制作与安装按其成品质量，以"kg"为计量单位。

7. 不锈钢板风管圆形法兰制作按设计图示尺寸以质量计算，以"kg"为计量单位。

8. 不锈钢板风管吊托支架制作与安装按设计图示尺寸以质量计算，以"kg"为计量单位。

9. 微穿孔板消声器、管式消声器、阻抗式消声器成品安装按设计图示数量计算，以"节"为计量单位。

10. 消声弯头安装按设计图示数量计算，以"个"为计量单位。

11. 消声静压箱安装按设计图示数量计算，以"个"为计量单位。

12. 静压箱制作与安装按设计图示尺寸以展开面积计算，以"m²"为计量单位。

一、碳钢调节阀安装

工作内容：场内搬运、号孔、钻孔、对口、校正、制垫、加垫、上螺栓、紧固、试动。　　　　　计量单位：个

定 额 编 号			4-4-1	4-4-2	4-4-3	4-4-4	4-4-5	4-4-6
项　　目			空气加热器上通阀	空气加热器旁通阀	圆形瓣式启动阀　直径（mm 以内）			
					600	800	1000	1300
名　称		单位	消　耗　量					
人工	合计工日	工日	1.286	0.846	1.150	1.443	1.771	2.355
	其中　普工	工日	0.643	0.423	0.575	0.722	0.885	1.177
	一般技工	工日	0.643	0.423	0.575	0.721	0.886	1.178
	高级技工	工日	—	—	—	—	—	—
材料	空气加热器上通阀	个	（1.000）	—	—	—	—	—
	空气加热器旁通阀	个	—	（1.000）	—	—	—	—
	圆形瓣式启动阀	个	—	—	（1.000）	（1.000）	（1.000）	（1.000）
	扁钢　60mm 以外	kg	1.060	—	—	—	—	—
	六角螺栓带螺母　M8×75 以下	10 套	—	1.200	1.700	—	—	—
	六角螺栓带螺母　M10×75 以下	10 套	—	—	—	1.700	—	—
	六角螺栓带螺母　M10×260	10 套	0.600	—	—	—	—	—
	六角螺栓带螺母　M12×75	10 套	—	—	—	—	1.700	2.500
	垫圈　M10~20	10 个	0.600	—	—	—	—	—
	低碳钢焊条　J422　ϕ3.2	kg	0.230	—	—	—	—	—
	橡胶板　δ1~3	kg	—	—	0.220	0.270	0.380	0.540
	其他材料费	%	1.00	1.00	1.00	1.00	1.00	1.00
机械	交流弧焊机　21kV·A	台班	0.020	—	—	—	—	—
	台式钻床　16mm	台班	0.010	0.010	0.030	0.030	—	—
	立式钻床　35mm	台班	—	—	—	—	0.170	0.250

工作内容:场内搬运、号孔、钻孔、对口、校正、制垫、加垫、上螺栓、紧固、试动。　　　　　计量单位:个

定　额　编　号			4-4-7	4-4-8	4-4-9	4-4-10	4-4-11
项　　目			风管蝶阀　周长（mm 以内）				
			800	1600	2400	3200	4000
名　　称		单位	消　耗　量				
人工	合计工日	工日	0.237	0.338	0.586	0.789	1.081
	其中 普工	工日	0.119	0.169	0.293	0.395	0.540
	一般技工	工日	0.118	0.169	0.293	0.394	0.541
	高级技工	工日	—	—	—	—	—
材料	蝶阀	个	（1.000）	（1.000）	（1.000）	（1.000）	（1.000）
	六角螺栓带螺母 M6×75 以下	10 套	1.000	1.200			
	六角螺栓带螺母 M8×75 以下	10 套	—	—	1.700	2.100	2.500
	橡胶板 δ1~3	kg	0.110	0.220	0.320	0.490	0.590
	其他材料费	%	1.00	1.00	1.00	1.00	1.00
机械	台式钻床 16mm	台班	0.030	—	—	—	—
	立式钻床 35mm	台班	—	0.250	0.380	0.500	0.700

工作内容:场内搬运、号孔、钻孔、对口、校正、制垫、加垫、上螺栓、紧固、试动。　　　　　计量单位:个

定　额　编　号			4-4-12	4-4-13	4-4-14	4-4-15
项　　目			圆形、方形风管止回阀　周长（mm 以内）			
			800	1200	2000	3200
名　　称		单位	消　耗　量			
人工	合计工日	工日	0.281	0.316	0.483	0.564
	其中 普工	工日	0.141	0.158	0.241	0.282
	一般技工	工日	0.140	0.158	0.242	0.282
	高级技工	工日	—	—	—	—
材料	风管止回阀	个	（1.000）	（1.000）	（1.000）	（1.000）
	六角螺栓带螺母 M6×75 以下	10 套	1.200	1.200	—	—
	六角螺栓带螺母 M8×75 以下	10 套	—	—	1.700	2.100
	橡胶板 δ1~3	kg	0.110	0.160	0.270	0.490
	其他材料费	%	1.00	1.00	1.00	1.00
机械	立式钻床 35mm	台班	0.250	0.250	0.380	0.500

工作内容：场内搬运、号孔、钻孔、对口、校正、制垫、加垫、上螺栓、紧固、试动。　　　　　计量单位：个

定　额　编　号			4-4-16	4-4-17	4-4-18
项　　　目			密闭式斜插板阀　直径（mm 以内）		
			140	280	340
名　　　称		单位	消　耗　量		
人工	合计工日	工日	0.237	0.269	0.316
	其中 普工	工日	0.119	0.134	0.158
	一般技工	工日	0.118	0.135	0.158
	高级技工	工日	—	—	—
材料	密闭式斜插板阀	个	（1.000）	（1.000）	（1.000）
	六角螺栓带螺母 M6×75 以下	10 套	0.400	0.600	0.800
	橡胶板 $\delta 1\sim 3$	kg	0.050	0.110	0.160
	其他材料费	%	1.00	1.00	1.00
机械	台式钻床 16mm	台班	0.012	0.018	0.024

工作内容：场内搬运、号孔、钻孔、对口、校正、制垫、加垫、上螺栓、紧固、试动。　　　　　计量单位：个

定　额　编　号			4-4-19	4-4-20	4-4-21	4-4-22	4-4-23	4-4-24
项　　　目			对开多叶调节阀　周长（mm 以内）					
			2800	4000	5200	6500	8000	10000
名　　　称		单位	消　耗　量					
人工	合计工日	工日	0.506	0.564	0.676	0.811	0.973	1.168
	其中 普工	工日	0.253	0.282	0.338	0.405	0.487	0.584
	一般技工	工日	0.253	0.282	0.338	0.406	0.486	0.584
	高级技工	工日	—	—	—	—	—	—
材料	对开多叶调节阀	个	（1.000）	（1.000）	（1.000）	（1.000）	（1.000）	（1.000）
	六角螺栓带螺母 M8×75 以下	10 套	1.700	2.100	2.500	3.200	4.120	5.253
	橡胶板 $\delta 1\sim 3$	kg	0.320	0.430	0.650	0.810	1.000	1.250
	其他材料费	%	1.00	1.00	1.00	1.00	1.00	1.00
机械	立式钻床 35mm	台班	0.380	0.500	0.700	0.896	1.154	1.471

工作内容：场内搬运、号孔、钻孔、对口、校正、制垫、加垫、上螺栓、紧固、试动。　　　　　　　计量单位：个

定　额　编　号				4-4-25	4-4-26	4-4-27	4-4-28
项　　　　目				风管防火阀　周长（mm 以内）			
				2200	3600	5400	8000
名　　　称			单位	消　耗　量			
人工	合计工日		工日	0.807	1.313	1.806	2.673
	其中	普工	工日	0.403	0.656	0.903	1.337
		一般技工	工日	0.404	0.657	0.903	1.336
		高级技工	工日	—	—	—	—
材料	风管防火阀		个	（1.000）	（1.000）	（1.000）	（1.000）
	六角螺栓带螺母 M8×75 以下		10 套	1.700	2.100	2.500	3.700
	橡胶板 δ1~3		kg	0.270	0.430	0.650	0.970
	其他材料费		%	1.00	1.00	1.00	1.00
机械	立式钻床 35mm		台班	0.380	0.500	0.700	1.036

二、柔性软风管阀门安装

工作内容：场内搬运、号孔、钻孔、对口、校正、制垫、加垫、上螺栓、紧固。　　　　　　　计量单位：个

定　额　编　号				4-4-29	4-4-30	4-4-31	4-4-32	4-4-33
项　　　　目				柔性软风管阀门　直径（mm 以内）				
				150	250	500	710	910
名　　　称			单位	消　耗　量				
人工	合计工日		工日	0.044	0.055	0.090	0.113	0.156
	其中	普工	工日	0.022	0.027	0.045	0.057	0.078
		一般技工	工日	0.022	0.028	0.045	0.056	0.078
		高级技工	工日	—	—	—	—	—
材料	柔性软风管阀门		个	（1.000）	（1.000）	（1.000）	（1.000）	（1.000）

三、碳钢风口安装

工作内容：场内搬运、对口、上螺栓、制垫、加垫、找正、找平、固定、试动、调整。　　　计量单位：个

定　额　编　号				4-4-34	4-4-35	4-4-36	4-4-37
项　　　　目				百叶风口　周长（mm 以内）			
				900	1280	1800	2500
名　　称			单位	消　耗　量			
人工	合计工日		工日	0.182	0.232	0.455	0.527
	其中	普工	工日	0.091	0.116	0.227	0.264
		一般技工	工日	0.091	0.116	0.228	0.263
		高级技工	工日	—	—	—	—
材料	百叶风口		个	（1.000）	（1.000）	（1.000）	（1.000）
	扁钢 59mm 以内		kg	0.610	0.800	1.130	1.570
	带帽六角螺栓 M2~5×4~20		10 套	0.600	0.600	0.800	1.110
	其他材料费		%	1.00	1.00	1.00	1.00
机械	台式钻床 16mm		台班	0.030	0.030	0.030	0.030

工作内容：场内搬运、对口、上螺栓、制垫、加垫、找正、找平、固定、试动、调整。　　　计量单位：个

定　额　编　号				4-4-38	4-4-39	4-4-40	4-4-41
项　　　　目				百叶风口　周长（mm 以内）			
				3300	4800	6000	7000
名　　称			单位	消　耗　量			
人工	合计工日		工日	0.596	0.775	0.998	1.182
	其中	普工	工日	0.298	0.387	0.499	0.591
		一般技工	工日	0.298	0.388	0.499	0.591
		高级技工	工日	—	—	—	—
材料	百叶风口		个	（1.000）	（1.000）	（1.000）	（1.000）
	扁钢 59mm 以内		kg	2.070	2.790	3.480	4.070
	带帽六角螺栓 M2~5×4~20		10 套	1.341	1.432	1.784	2.090
	其他材料费		%	1.00	1.00	1.00	1.00
机械	台式钻床 16mm		台班	0.030	0.030	0.030	0.040

工作内容: 场内搬运、对口、上螺栓、制垫、加垫、找正、找平、固定、试动、调整。　　　　　　计量单位:个

定 额 编 号				4-4-42	4-4-43	4-4-44
项 目				矩形送风口 周长（mm以内）		
				400	600	800
名 称			单位	消 耗 量		
人工	合计工日		工日	0.168	0.214	0.269
	其中	普工	工日	0.084	0.107	0.134
		一般技工	工日	0.084	0.107	0.135
		高级技工	工日	—	—	—
材料	矩形送风口		个	（1.000）	（1.000）	（1.000）
	扁钢 59mm以内		kg	0.120	0.180	0.220
	六角螺栓带螺母 M8×75		10套	0.400	0.400	0.400
	铜蝶形螺母 M8		10个	0.400	0.400	0.400
	垫圈 M2~8		10个	0.400	0.400	0.400
	其他材料费		%	1.00	1.00	1.00

工作内容: 场内搬运、对口、上螺栓、制垫、加垫、找正、找平、固定、试动、调整。　　　　　　计量单位:个

定 额 编 号				4-4-45	4-4-46	4-4-47	4-4-48	4-4-49
项 目				矩形空气分布器 周长（mm以内）			旋转吹风口 直径（mm以内）	
				1200	1500	2100	320	450
名 称			单位	消 耗 量				
人工	合计工日		工日	0.596	0.699	0.833	0.529	0.879
	其中	普工	工日	0.298	0.350	0.417	0.264	0.439
		一般技工	工日	0.298	0.349	0.416	0.265	0.440
		高级技工	工日	—	—	—	—	—
材料	矩形空气分布器		个	（1.000）	（1.000）	（1.000）	—	—
	旋转吹风口		个	—	—	—	（1.000）	（1.000）
	六角螺栓带螺母 M6×75		10套	1.000	1.200	1.700	—	—
	六角螺栓带螺母 M8×75		10套	—	—	—	0.600	0.600
	六角螺母 M6~10		10个	—	—	—	0.600	0.600
	橡胶板 δ1~3		kg	0.160	0.220	0.270	—	—
	石棉橡胶板 高压 δ1~6		kg	—	—	—	0.760	1.210
	其他材料费		%	1.00	1.00	1.00	1.00	1.00

工作内容:场内搬运、对口、上螺栓、制垫、加垫、找正、找平、固定、试动、调整。 计量单位:个

定 额 编 号			4-4-50	4-4-51	4-4-52	4-4-53	4-4-54	4-4-55
项 目			方形散流器 周长(mm 以内)			圆形、流线形散流器 直径(mm 以内)		
			500	1000	2000	200	360	500
名 称		单位	消 耗 量					
人工	合计工日	工日	0.225	0.281	0.405	0.203	0.382	0.495
	其中 普工	工日	0.112	0.141	0.203	0.102	0.191	0.248
	一般技工	工日	0.113	0.140	0.202	0.101	0.191	0.247
	高级技工	工日	—	—	—	—	—	—
材料	散流器	个	(1.000)	(1.000)	(1.000)	(1.000)	(1.000)	(1.000)
	六角螺栓带螺母 M6×75	10 套	0.400	0.400	0.400	0.300	0.400	0.400
	橡胶板 $\delta 1\sim 3$	kg	0.050	0.160	0.270	0.050	0.050	0.110
	其他材料费	%	1.00	1.00	1.00	1.00	1.00	1.00

工作内容:场内搬运、对口、上螺栓、制垫、加垫、找正、找平、固定、试动、调整。 计量单位:个

定 额 编 号			4-4-56	4-4-57	4-4-58	4-4-59	4-4-60	4-4-61
项 目			带调节阀(过滤器)百叶风口安装 周长(mm 以内)					
			800	1200	1800	2400	3200	4000
名 称		单位	消 耗 量					
人工	合计工日	工日	0.354	0.418	0.642	0.856	1.148	1.283
	其中 普工	工日	0.177	0.209	0.321	0.428	0.574	0.641
	一般技工	工日	0.177	0.209	0.321	0.428	0.574	0.642
	高级技工	工日	—	—	—	—	—	—
材料	带调节阀(过滤器)百叶风口	个	(1.000)	(1.000)	(1.000)	(1.000)	(1.000)	(1.000)
	镀锌角钢 60mm 以内	kg	1.790	2.150	3.220	4.300	5.730	7.160
	橡胶板 $\delta 1\sim 3$	kg	0.120	0.180	0.270	0.360	0.480	0.600
	自攻螺钉 ST4×12	10 个	0.728	1.144	1.664	2.288	3.016	3.744
	其他材料费	%	1.00	1.00	1.00	1.00	1.00	1.00

工作内容：场内搬运、对口、上螺栓、制垫、加垫、找正、找平、固定、试动、调整。 **计量单位：**个

定 额 编 号			4-4-62	4-4-63	4-4-64	4-4-65	4-4-66
项　　目			带调节阀散流器安装（圆形）直径（mm 以内）				
			150	200	250	300	350
名　　称		单位	消　耗　量				
人工	合计工日	工日	0.271	0.354	0.460	0.545	0.642
	其中 普工	工日	0.135	0.177	0.230	0.272	0.321
	一般技工	工日	0.136	0.177	0.230	0.273	0.321
	高级技工	工日	—	—	—	—	—
材料	带调节阀散流器	个	（1.000）	（1.000）	（1.000）	（1.000）	（1.000）
	镀锌角钢 60mm 以内	kg	1.790	1.790	1.790	2.150	2.150
	橡胶板 δ1~3	kg	0.110	0.110	0.150	0.150	0.200
	木螺钉 d4×65 以下	10 个	0.420	0.520	0.620	0.730	0.830
	其他材料费	%	1.00	1.00	1.00	1.00	1.00

工作内容：场内搬运、对口、上螺栓、制垫、加垫、找正、找平、固定、试动、调整。 **计量单位：**个

定 额 编 号			4-4-67	4-4-68	4-4-69
项　　目			带调节阀散流器安装（圆形）直径（mm 以内）		
			400	450	500
名　　称		单位	消　耗　量		
人工	合计工日	工日	0.674	0.707	0.835
	其中 普工	工日	0.337	0.354	0.417
	一般技工	工日	0.337	0.353	0.418
	高级技工	工日	—	—	—
材料	带调节阀散流器	个	（1.000）	（1.000）	（1.000）
	镀锌角钢 60mm 以内	kg	3.220	3.220	4.300
	橡胶板 δ1~3	kg	0.200	0.300	0.300
	木螺钉 d4×65 以下	10 个	0.940	1.040	1.140
	其他材料费	%	1.00	1.00	1.00

工作内容：场内搬运、对口、上螺栓、制垫、加垫、找正、找平、固定、试动、调整。　　　　　　　　　　　**计量单位**：个

定 额 编 号			4-4-70	4-4-71	4-4-72	4-4-73
项　　目			带调节阀散流器安装（方、矩形）周长（mm 以内）			
			800	1200	1800	2400
名　　称		单位	消　耗　量			
人工	合计工日	工日	0.471	0.577	0.674	0.996
	其中 普工	工日	0.235	0.288	0.337	0.498
	一般技工	工日	0.236	0.289	0.337	0.498
	高级技工	工日	—	—	—	—
材料	带调节阀散流器	个	（1.000）	（1.000）	（1.000）	（1.000）
	镀锌角钢 60mm 以内	kg	1.790	2.150	3.220	4.300
	橡胶板 $\delta 1\text{~}3$	kg	0.260	0.390	0.520	0.650
	木螺钉 $d4\times65$ 以下	10 个	0.830	1.250	1.460	2.080
	其他材料费	%	1.00	1.00	1.00	1.00

工作内容：场内搬运、对口、上螺栓、制垫、加垫、找正、找平、固定、试动、调整。　　　　　　　　　　　**计量单位**：个

定 额 编 号			4-4-74	4-4-75	4-4-76	4-4-77
项　　目			送吸风口 周长（mm 以内）			
			1000	1600	2000	4000
名　　称		单位	消　耗　量			
人工	合计工日	工日	0.316	0.349	0.366	0.442
	其中 普工	工日	0.158	0.174	0.183	0.221
	一般技工	工日	0.158	0.175	0.183	0.221
	高级技工	工日	—	—	—	—
材料	送吸风口	个	（1.000）	（1.000）	（1.000）	（1.000）
	活动箅式风口	个	—	—	—	—
	六角螺栓带螺母 M6×75	10 套	0.600	0.600	—	—
	六角螺栓带螺母 M8×75	10 套	—	—	0.800	0.800
	橡胶板 $\delta 1\text{~}3$	kg	0.050	0.110	0.160	0.325
	圆钢 $\phi 10\text{~}14$	kg	—	—	—	—
	半圆头螺钉 M4×6	10 套	—	—	—	—
	铁铆钉	kg	—	—	—	—
	其他材料费	%	1.00	1.00	1.00	1.00
机械	台式钻床 16mm	台班	—	—	—	—

工作内容: 场内搬运、对口、上螺栓、制垫、加垫、找正、找平、固定、试动、调整。 计量单位: 个

定额编号			4-4-78	4-4-79	4-4-80
项 目			活动算式风口 周长(mm以内)		
			1330	1910	2590
名 称		单位	消耗量		
人工	合计工日	工日	0.393	0.462	0.586
	其中 普工	工日	0.196	0.231	0.293
	一般技工	工日	0.197	0.231	0.293
	高级技工	工日	—	—	—
材料	活动箅式风口	个	(1.000)	(1.000)	(1.000)
	送吸风口	个	—	—	—
	六角螺栓带螺母 M6×75	10套	—	—	—
	六角螺栓带螺母 M8×75	10套	—	—	—
	橡胶板 δ1~3	kg	—	—	—
	圆钢 φ10~14	kg	0.020	0.020	0.020
	半圆头螺钉 M4×6	10套	1.000	1.100	1.400
	铁铆钉	kg	0.020	0.020	0.020
	其他材料费	%	1.00	1.00	1.00
机械	台式钻床 16mm	台班	0.080	0.090	0.100

工作内容：场内搬运、对口、上螺栓、制垫、加垫、找正、找平、固定、试动、调整。　　　　　　　　计量单位：个

定 额 编 号			4-4-81	4-4-82	4-4-83	4-4-84
项　　目			网式风口 周长（mm 以内）			
			900	1500	2000	2600
名　　称		单位	消　耗　量			
人工	合计工日	工日	0.145	0.179	0.189	0.214
	其中 普工	工日	0.073	0.089	0.095	0.107
	一般技工	工日	0.072	0.090	0.094	0.107
	高级技工	工日	—	—	—	—
材料	网式风口	个	（1.000）	（1.000）	（1.000）	（1.000）
	带帽六角螺栓 M2~5×4~20	10套	0.600	0.600	1.000	1.000
	其他材料费	%	1.00	1.00	1.00	1.00

工作内容：场内搬运、对口、上螺栓、制垫、加垫、找正、找平、固定、试动、调整。　　　　　　　　计量单位：个

定 额 编 号			4-4-85	4-4-86	4-4-87	4-4-88
项　　目			钢百叶窗 框内面积（m² 以内）			
			0.5	1.0	2.0	4.0
名　　称		单位	消　耗　量			
人工	合计工日	工日	0.370	0.552	0.957	1.014
	其中 普工	工日	0.185	0.276	0.479	0.507
	一般技工	工日	0.185	0.276	0.478	0.507
	高级技工	工日	—	—	—	—
材料	钢百叶窗	个	（1.000）	（1.000）	（1.000）	（1.000）
	带帽六角螺栓 M2~5×4~20	10套	1.700	2.100	2.500	3.300
	六角螺栓带螺母 M6×75	10套	0.400	0.400	0.800	1.000
	扁钢 59mm 以内	kg	0.210	0.310	0.410	0.510
	木螺钉 d6×100	10个	—	—	0.100	0.100
	其他材料费	%	1.00	1.00	1.00	1.00

工作内容:场内搬运、开箱检查、除污锈、就位、上螺栓、固定、试动。 计量单位:个

定 额 编 号				4-4-89	4-4-90	4-4-91	4-4-92
项 目				板式排烟口 周长(mm 以内)			
				800	1280	1600	2000
名 称			单位	消 耗 量			
人工	合计工日		工日	0.269	0.338	0.393	0.451
	其中	普工	工日	0.134	0.169	0.196	0.226
		一般技工	工日	0.135	0.169	0.197	0.225
		高级技工	工日	—	—	—	—
材料	板式排烟口		个	(1.000)	(1.000)	(1.000)	(1.000)
	六角螺栓带螺母 M6×75 以下		10套	0.004	0.004	0.006	—
	六角螺栓带螺母 M8×75		套	—	—	—	0.062
	橡胶板		kg	0.080	0.080	0.120	0.240
	其他材料费		%	1.00	1.00	1.00	1.00

工作内容:场内搬运、开箱检查、除污锈、就位、上螺栓、固定、试动。 计量单位:个

定 额 编 号				4-4-93	4-4-94	4-4-95
项 目				板式排烟口 周长(mm 以内)		
				2800	3200	4000
名 称			单位	消 耗 量		
人工	合计工日		工日	0.607	0.708	0.945
	其中	普工	工日	0.303	0.354	0.472
		一般技工	工日	0.304	0.354	0.473
		高级技工	工日	—	—	—
材料	板式排烟口		个	(1.000)	(1.000)	(1.000)
	六角螺栓带螺母 M6×75 以下		10套	—	—	—
	六角螺栓带螺母 M8×75		套	0.083	0.083	0.083
	橡胶板		kg	0.280	0.320	0.400
	其他材料费		%	1.00	1.00	1.00

工作内容:场内搬运、开箱检查、除污锈、就位、上螺栓、固定、试动。　　　　计量单位:个

定　额　编　号				4-4-96	4-4-97	4-4-98	4-4-99
项　　　　目				多叶排烟口(送风口)周长(mm 以内)			
				1200	2000	2600	3200
名　　　称			单位	消　耗　量			
人工	合计工日		工日	0.203	0.203	0.225	0.248
	其中	普工	工日	0.102	0.102	0.112	0.124
		一般技工	工日	0.101	0.101	0.113	0.124
		高级技工	工日	—	—	—	—
材料	多叶排烟口(送风口)		个	(1.000)	(1.000)	(1.000)	(1.000)
	扁钢 59mm 以内		kg	0.470	0.590	0.640	0.750
	半圆头螺栓带螺母 M5×15		10 套	0.624	0.624	0.624	0.624
	其他材料费		%	1.00	1.00	1.00	1.00
机械	台式钻床 16mm		台班	0.030	0.030	0.030	0.030

工作内容:场内搬运、开箱检查、除污锈、就位、上螺栓、固定、试动。　　　　计量单位:个

定　额　编　号				4-4-100	4-4-101	4-4-102	4-4-103
项　　　　目				多叶排烟口(送风口)周长(mm)			
				3800	4400	4800	5200
名　　　称			单位	消　耗　量			
人工	合计工日		工日	0.269	0.292	0.304	0.316
	其中	普工	工日	0.134	0.146	0.152	0.158
		一般技工	工日	0.135	0.146	0.152	0.158
		高级技工	工日	—	—	—	—
材料	多叶排烟口(送风口)		个	(1.000)	(1.000)	(1.000)	(1.000)
	扁钢 59mm 以内		kg	0.830	0.980	1.100	1.190
	半圆头螺栓带螺母 M5×15		10 套	0.624	0.832	0.832	0.832
	其他材料费		%	1.00	1.00	1.00	1.00
机械	台式钻床 16mm		台班	0.030	0.030	0.030	0.030

四、不锈钢风口、法兰、吊托支架制作、安装

工作内容：1. 场内搬运、制作：下料、号料、开孔、钻孔、组对、点焊、焊接成型、
焊缝酸洗、钝化。
2. 安装：制垫、加垫、找平、找正、组对、固定。   计量单位：100kg

定 额 编 号			4-4-104	4-4-105	4-4-106	4-4-107
项　　　目			不锈钢风口	不锈钢圆形法兰 （手工氩弧焊、电焊）		吊托支架
				5kg 以内	5kg 以上	
名　　称		单位	消　　耗　　量			
人工	合计工日	工日	26.882	30.767	11.270	6.677
	其中 普工	工日	13.441	15.383	5.635	3.339
	一般技工	工日	13.441	15.384	5.635	3.338
	高级技工	工日	—	—	—	—
材料	不锈钢扁钢 59mm 以内	kg	—	96.000	101.000	20.500
	板枋材	m³	0.003			
	镀锌木螺钉 d6×100	10 个	10.970	—	—	—
	角钢 60mm	kg				63.000
	扁钢 59mm 以内	kg				20.500
	不锈钢六角螺栓带螺母 M6×50 以下	10 套		18.000		
	不锈钢六角螺栓带螺母 M8×50 以下	10 套			6.370	2.320
	不锈钢垫圈 M10~12	10 个				4.630
	不锈钢焊条 A102 φ3.2	kg	—	6.300	3.100	0.400
	不锈钢氩弧焊丝 1Cr18Ni9Ti φ3	kg		2.700	1.800	—
	耐酸橡胶板 δ3	kg		6.800	3.800	
	氩气	m³		6.300	3.300	
	乙炔气	kg		—	—	0.639
	氧气	m³				1.788
	砂轮片	片				1.440
	电	kW·h				0.052
	其他材料费	%	1.00	1.00	1.00	1.00
机械	直流弧焊机 20kV·A	台班	1.400	3.200	1.200	0.300
	台式钻床 16mm	台班	8.500	0.900	—	0.200
	剪板机 6.3×2000	台班	1.400			
	氩弧焊机 500A	台班	—	4.100	1.600	—
	普通车床 400×1000	台班		11.300		
	普通车床 630×1400	台班	—	—	2.300	—
	立式钻床 35mm	台班			1.400	
	法兰卷圆机 L40×4	台班		0.500	0.500	
	等离子切割机 400A	台班			1.000	

五、塑料散流器安装

工作内容：场内搬运、制垫、加垫、找正、连接、固定。　　　　　　　　　**计量单位：**100kg

定　额　编　号			4-4-108	4-4-109
项　　目			塑料直片式散流器	
			10kg 以内	10kg 以上
名　　称		单位	消　耗　量	
人工	合计工日	工日	22.100	10.989
	其中　普工	工日	11.050	5.494
	一般技工	工日	11.050	5.495
	高级技工	工日	—	—
材料	六角螺栓带螺母 M8×75 以下	10 套	15.400	6.670
	垫圈 M2~8	10 个	30.770	14.300
	开口销 1~5	10 个	3.976	1.399
	其他材料费	%	1.00	1.00
机械	台式钻床 16mm	台班	1.710	0.780

六、塑料空气分布器安装

工作内容：场内搬运、制垫、加垫、找正、焊接、固定。   计量单位：100kg

定 额 编 号			4-4-110	4-4-111	4-4-112	4-4-113
项 目			楔形空气分布器			
			网格式		活动百叶式	
			5kg 以内	5kg 以上	10kg 以内	10kg 以上
名 称		单位	消 耗 量			
人工	合计工日	工日	11.714	7.252	10.539	6.380
	其中 普工	工日	5.857	3.626	5.270	3.190
	一般技工	工日	5.857	3.626	5.269	3.190
	高级技工	工日	—	—	—	—
材料	六角螺栓带螺母 M8×75 以下	10 套	16.950	9.800	9.550	4.940
	垫圈 M2~8	10 个	33.900	19.600	19.100	9.880
	其他材料费	%	1.00	1.00	1.00	1.00

工作内容：场内搬运、制垫、加垫、找正、焊接、固定。   计量单位：100kg

定 额 编 号			4-4-114	4-4-115	4-4-116
项 目			圆形空气分布器		矩形空气分布器
			10kg 以内	10kg 以上	
名 称		单位	消 耗 量		
人工	合计工日	工日	7.707	5.283	6.797
	其中 普工	工日	3.853	2.641	3.399
	一般技工	工日	3.854	2.642	3.398
	高级技工	工日	—	—	—
材料	六角螺栓带螺母 M8×75 以下	10 套	12.940	4.980	6.070
	垫圈 M2~8	10 个	25.880	9.960	12.140
	其他材料费	%	1.00	1.00	1.00

七、铝制孔板口安装

工作内容：场内搬运、制垫、加垫、找正、找平、固定。　　　　　　　　　　　　　计量单位：个

定　额　编　号			4-4-117	4-4-118	4-4-119	4-4-120
项　　　　目			百叶风口　周长（mm 以内）			
			900	1280	1800	2500
名　　称		单位	消　耗　量			
人工	合计工日	工日	0.147	0.186	0.366	0.421
	其中 普工	工日	0.073	0.093	0.183	0.211
	一般技工	工日	0.074	0.093	0.183	0.210
	高级技工	工日	—	—	—	—
材料	铝制孔板风口	个	（1.000）	（1.000）	（1.000）	（1.000）
	镀锌木螺钉 $d6 \times 100$	10 个	4.000	6.000	6.000	10.000
	其他材料费	%	1.00	1.00	1.00	1.00

工作内容：场内搬运、制垫、加垫、找正、找平、固定。　　　　　　　　　　　　　计量单位：个

定　额　编　号			4-4-121	4-4-122	4-4-123	4-4-124
项　　　　目			百叶风口　周长（mm 以内）			
			3300	4800	6000	7000
名　　称		单位	消　耗　量			
人工	合计工日	工日	0.476	0.621	0.798	0.945
	其中 普工	工日	0.238	0.310	0.399	0.472
	一般技工	工日	0.238	0.311	0.399	0.473
	高级技工	工日	—	—	—	—
材料	铝制孔板风口	个	（1.000）	（1.000）	（1.000）	（1.000）
	镀锌木螺钉 $d6 \times 100$	10 个	14.000	20.000	24.000	26.000
	其他材料费	%	1.00	1.00	1.00	1.00

八、罩类制作、安装

工作内容：1. 场内搬运、制作：放样、锯切、坡口、制作套管及伸缩圈、加热成型、焊接。
　　　　　　2. 安装：找平、找正、连接、固定。　　　　　　　　　　　　　　计量单位：100kg

定　额　编　号			4-4-125	4-4-126	4-4-127	4-4-128
项　　目			中、小型零件焊接台排气罩	整体、分组式槽边侧吸罩	吹、吸式槽边通风罩	各型风罩调节阀
名　　称		单位	消　耗　量			
人工	合计工日	工日	13.806	13.885	14.054	11.912
	其中 普工	工日	6.212	6.249	6.325	5.360
	一般技工	工日	6.213	6.248	6.324	5.361
	高级技工	工日	1.381	1.388	1.405	1.191
材料	热轧薄钢板 δ1.0~1.5	kg	89.180	—	—	—
	热轧薄钢板 δ2.0~2.5	kg	—	99.140	97.990	35.340
	角钢 60mm	kg	26.810	10.430	11.480	48.700
	扁钢 59mm 以内	kg	—	—	—	2.170
	圆钢 φ15~24	kg	—	—	—	1.910
	六角螺栓带螺母 M6×75 以下	10套	—	2.240	3.370	3.336
	六角螺栓带螺母 M8×75 以下	10套	—	—	—	0.834
	六角螺栓 M8×20	10个	3.257	—	—	—
	六角螺母 M6~10	10个	—	—	—	0.850
	低碳钢焊条 J422 φ3.2	kg	0.900	1.200	1.600	2.700
	乙炔气	kg	—	2.520	2.610	1.520
	氧气	m³	—	7.060	7.310	4.260
	铁铆钉	kg	0.230	—	—	—
	石棉橡胶板 高压 δ1~6	kg	0.700	—	—	—
	橡胶板 δ4~15	kg	—	0.500	0.600	2.300
	垫圈 M2~8	10个	—	—	—	3.400
	垫圈 M10~20	10个	—	—	—	1.700
	其他材料费	%	1.00	1.00	1.00	1.00
机械	交流弧焊机 21kV·A	台班	0.080	0.750	0.800	1.500
	台式钻床 16mm	台班	0.650	0.080	0.150	0.650
	普通车床 400×1000	台班	—	—	—	0.350
	卧式铣床 400×1600	台班	—	—	—	0.800

工作内容：1.场内搬运、制作：放样、锯切、坡口、制作套管及伸缩圈、加热成型、焊接。
2.安装：找平、找正、连接、固定。

计量单位：100kg

定 额 编 号			4-4-129	4-4-130	4-4-131	4-4-132
项 目			条缝槽边抽风罩	泥心烘炉排气罩	升降式回转排气罩	上、下吸式圆形回转罩 墙上、混凝土柱上
名 称		单位	消 耗 量			
人工	合计工日	工日	14.076	14.989	41.293	9.174
	其中 普工	工日	6.334	6.745	18.582	4.129
	一般技工	工日	6.334	6.745	18.582	4.128
	高级技工	工日	1.408	1.499	4.129	0.917
材料	热轧薄钢板 δ1.0~1.5	kg	—	39.300	63.830	45.300
	热轧薄钢板 δ2.0~2.5	kg	—	—	—	—
	热轧薄钢板 δ2.6~3.2	kg	111.810	—	—	—
	热轧厚钢板 δ8.0~20.0	kg	—	—	—	—
	角钢 60mm	kg	8.680	25.100	25.040	41.390
	角钢 63mm	kg	—	3.020	—	17.390
	扁钢 59mm 以内	kg	—	—	19.220	0.740
	圆钢 φ5.5~9	kg	—	—	0.240	—
	圆钢 φ10~14	kg	—	—	2.400	—
	圆钢 φ15~24	kg	—	—	—	0.190
	圆钢 φ32 以外	kg	—	—	—	—
	槽钢 5#~16#	kg	—	39.560	—	3.880
	镀锌六角螺母 M10	10 个	—	1.678	—	—
	六角螺栓带螺母 M8×75 以下	10 套	—	—	—	0.759
	六角螺栓 M10×25	10 个	—	—	0.956	—
	六角螺母 M6~10	10 个	—	—	2.922	—
	铜蝶形螺母 M8	10 个	—	—	0.488	—
	垫圈 M10~20	10 个	—	—	—	—
	低碳钢焊条 J422 φ3.2	kg	5.900	0.100	—	0.200
	乙炔气	kg	2.610	—	—	—
	氧气	m³	7.310	—	—	—
	普通石棉布	kg	—	9.100	—	—
	铁铆钉	kg	—	—	0.350	—
	焊接钢管 DN25	kg	—	—	—	1.650
	开口销 1~5	10 个	—	—	—	0.086
	混凝土 C15	m³	—	—	—	—
	钢丝绳 φ4.2	kg	—	—	—	—
	橡胶板 δ1~3	kg	—	—	—	—
	橡胶板 δ4~15	kg	0.600	—	—	—
	铸铁	kg	—	—	—	—
	其他材料费	%	1.00	1.00	1.00	1.00
机械	交流弧焊机 21kV·A	台班	0.800	0.450	—	0.040
	台式钻床 16mm	台班	0.150	—	0.350	0.050
	法兰卷圆机 L40×4	台班	—	—	—	0.020
	普通车床 400×1000	台班	—	—	—	—

工作内容： 1. 场内搬运、制作：放样、锯切、坡口、制作套管及伸缩圈、加热成型、焊接。
2. 安装：找平、找正、连接、固定。

计量单位：100kg

定 额 编 号			4-4-133	4-4-134	4-4-135
项 目			上、下吸式圆形回转罩钢柱上	升降式排气罩	手锻炉排气罩
名 称		单位	消 耗 量		
人工	合计工日	工日	4.192	7.810	6.108
	其中 普工	工日	1.886	3.514	2.748
	一般技工	工日	1.887	3.515	2.749
	高级技工	工日	0.419	0.781	0.611
材料	热轧薄钢板 $\delta1.0\sim1.5$	kg	23.090	21.870	—
	热轧薄钢板 $\delta2.0\sim2.5$	kg	—	28.900	99.230
	热轧薄钢板 $\delta2.6\sim3.2$	kg	—	—	—
	热轧厚钢板 $\delta8.0\sim20.0$	kg	35.430	—	—
	角钢 60mm	kg	16.210	9.060	9.950
	角钢 63mm	kg	1.460	—	—
	扁钢 59mm 以内	kg	0.370	4.750	0.120
	圆钢 $\phi5.5\sim9$	kg	—	0.980	0.100
	圆钢 $\phi10\sim14$	kg	—	0.880	—
	圆钢 $\phi15\sim24$	kg	0.090	—	—
	圆钢 $\phi32$ 以外	kg	—	1.480	—
	槽钢 $5^{\#}\sim16^{\#}$	kg	35.710	—	—
	镀锌六角螺母 M10	10个	—	—	—
	六角螺栓带螺母 M8×75 以下	10套	0.387	—	—
	六角螺栓 M10×25	10个	—	—	—
	六角螺母 M6～10	10个	—	0.375	—
	铜蝶形螺母 M8	10个	—	—	—
	垫圈 M10～20	10个	—	0.375	—
	低碳钢焊条 J422 $\phi3.2$	kg	0.200	0.100	1.100
	乙炔气	kg	—	—	—
	氧气	m³	—	—	—
	普通石棉布	kg	—	—	—
	铁铆钉	kg	—	—	—
	焊接钢管 DN25	kg	—	—	—
	开口销 1～5	10个	—	0.375	—
	混凝土 C15	m³	0.260	—	—
	钢丝绳 $\phi4.2$	kg	—	0.430	—
	橡胶板 $\delta1\sim3$	kg	—	—	0.540
	橡胶板 $\delta4\sim15$	kg	—	—	—
	铸铁	kg	—	40.130	—
	其他材料费	%	1.00	1.00	1.00
机械	交流弧焊机 21kV·A	台班	0.080	0.450	0.450
	台式钻床 16mm	台班	0.090	0.050	0.050
	法兰卷圆机 L40×4	台班	0.020	0.050	0.050
	普通车床 400×1000	台班	—	0.300	—

工作内容： 1. 场内搬运、制作：放样、锯切、坡口、制作套管及伸缩圈、加热成型、焊接。
2. 安装：找平、找正、连接、固定。

计量单位：100kg

定 额 编 号				4-4-136	4-4-137	4-4-138	4-4-139
项 目				条缝槽边抽风罩			各型风罩调节阀
				周边	单侧	双侧	
名 称			单位	消 耗 量			
人工	合计工日		工日	35.613	37.078	32.458	58.604
	其中	普工	工日	16.026	16.685	14.606	26.372
		一般技工	工日	16.026	16.685	14.606	26.372
		高级技工	工日	3.561	3.708	3.246	5.860
材料	硬聚氯乙烯板 $\delta2\sim30$		kg	116.000	116.000	116.000	116.000
	软聚氯乙烯板 $\delta2\sim8$		kg	1.600	4.000	1.600	19.600
	六角螺栓带螺母 M8×75 以下		10 套	4.950	10.000	4.440	29.760
	六角螺栓带蝶形螺母 M8×30		10 套	—	—	—	2.980
	垫圈 M2~8		10 个	9.890	20.000	9.320	65.480
	硬聚氯乙烯焊条 $\phi4$		kg	5.900	7.000	6.300	14.900
	其他材料费		%	1.00	1.00	1.00	1.00
机械	台式钻床 16mm		台班	0.200	0.200	0.200	0.500
	坡口机 2.8kW		台班	0.500	0.500	0.500	0.800
	电动空气压缩机 0.6m³/min		台班	9.000	9.000	9.000	12.300
	弓锯床 250mm		台班	0.200	0.200	0.200	0.300
	箱式加热炉 45kW		台班	0.800	0.800	0.800	0.800
	普通车床 400×1000		台班	—	—	—	3.000

九、消声器安装

1. 微穿孔板消声器安装

工作内容: 场内搬运、吊托支架制作与安装、组对、安装、找正、找平、制垫、
　　　　　上螺栓、固定。

计量单位: 节

定　额　编　号			4-4-140	4-4-141	4-4-142	4-4-143	4-4-144	4-4-145
项　　　目			微穿孔板消声器安装　周长(mm 以内)					
			1800	2400	3200	4000	5000	6000
名　　称		单位	消　耗　量					
人工	合计工日	工日	1.456	2.067	2.645	3.533	4.497	5.525
	其中 普工	工日	0.655	0.930	1.190	1.590	2.023	2.487
	一般技工	工日	0.655	0.930	1.190	1.590	2.024	2.486
	高级技工	工日	0.146	0.207	0.265	0.353	0.450	0.552
材料	角钢 60mm	kg	8.130	9.590	14.130	—	—	—
	圆钢 综合	t	0.005	0.005	0.008	—	—	—
	圆钢 φ10~14	kg	—	—	—	9.260	10.730	10.730
	槽钢 5#~16#	kg	—	—	—	31.570	35.750	38.170
	膨胀螺栓 M10	10 套	0.416	0.416	—	—	—	—
	膨胀螺栓 M12	套	—	—	4.160	4.160	4.160	4.160
	镀锌六角螺栓带螺母 M8×16~25	套	13.520	17.580	23.920	31.200	37.440	41.600
	六角螺母 M6~10	10 个	0.424	0.424	—	—	—	—
	六角螺母 M12~16	10 个	—	—	0.424	0.424	0.424	0.424
	橡胶板 δ1~3	kg	0.410	0.695	0.985	1.370	1.825	2.026
	其他材料费	%	1.00	1.00	1.00	1.00	1.00	1.00

2.阻抗式消声器安装

工作内容: 场内搬运、吊托支架制作与安装、组对、安装、找正、找平、制垫、
上螺栓、固定。

计量单位:节

定　额　编　号			4-4-146	4-4-147	4-4-148	4-4-149	4-4-150
项　　　　目			阻抗式消声器安装　周长(mm 以内)				
			2200	2400	3000	4000	5800
名　　称		单位	消　耗　量				
人工	合计工日	工日	1.853	2.624	3.340	4.658	6.916
	其中 普工	工日	0.834	1.181	1.503	2.096	3.112
	一般技工	工日	0.834	1.181	1.503	2.096	3.112
	高级技工	工日	0.185	0.262	0.334	0.466	0.692
材料	角钢 60mm	kg	8.070	9.320	13.070	16.010	—
	圆钢 $\phi 8\sim 14$	kg	4.510	5.160	—	—	—
	圆钢 $\phi 10\sim 14$	kg	—	—	8.140	9.260	10.730
	槽钢 $5^{\#}\sim 16^{\#}$	kg	—	—	—	—	34.010
	膨胀螺栓 M10	10 套	0.416	0.416	—	—	—
	膨胀螺栓 M12	套	—	—	4.160	4.160	4.160
	镀锌六角螺栓带螺母 M8×16~25	套	13.520	18.720	22.880	29.120	39.520
	六角螺母 M6~10	10 个	0.424	0.424	—	—	—
	六角螺母 M12~16	10 个	—	—	0.424	0.424	0.424
	橡胶板 $\delta 1\sim 3$	kg	0.400	0.533	0.630	0.840	1.810
	其他材料费	%	1.00	1.00	1.00	1.00	1.00

3. 管式消声器安装

工作内容: 场内搬运、吊托支架制作与安装、组对、安装、找正、找平、制垫、
上螺栓、固定。

计量单位: 节

定 额 编 号			4-4-151	4-4-152	4-4-153	4-4-154
项 目			管式消声器安装 周长（mm 以内）			
			1280	2400	3200	4000
名 称		单位	消 耗 量			
人工	合计工日	工日	1.061	1.510	1.938	2.410
	其中 普工	工日	0.478	0.679	0.872	1.085
	一般技工	工日	0.477	0.680	0.872	1.084
	高级技工	工日	0.106	0.151	0.194	0.241
材料	角钢 60mm	kg	3.460	7.140	7.550	9.320
	圆钢 $\phi 8\sim14$	kg	2.500	3.870	5.160	5.160
	金属膨胀螺栓 M8	套	4.160	—	—	—
	膨胀螺栓 M10	10 套	—	0.416	0.416	0.416
	镀锌六角螺栓带螺母 M6×16~25	10 套	1.248	—	—	—
	镀锌六角螺栓带螺母 M8×16~25	套	—	16.640	22.880	29.120
	六角螺母 M6~10	10 个	0.424	—	—	—
	六角螺母 M12~16	10 个	—	0.424	0.424	0.424
	橡胶板 $\delta 1\sim3$	kg	0.310	0.720	0.910	1.190
	其他材料费	%	1.00	1.00	1.00	1.00

4. 消声弯头安装

工作内容：场内搬运、吊托支架制作与安装、找标高、起吊、对口、找正、找平、制垫、加垫、上螺栓、固定。

计量单位：个

定　额　编　号			4-4-155	4-4-156	4-4-157	4-4-158
项　　　目			消声弯头安装　周长（mm 以内）			
			800	1200	1800	2400
名　　　称		单位	消　耗　量			
人工	合计工日	工日	0.668	0.807	0.940	1.902
	其中 普工	工日	0.300	0.363	0.423	0.856
	一般技工	工日	0.301	0.363	0.423	0.856
	高级技工	工日	0.067	0.081	0.094	0.190
材料	角钢 60mm	kg	3.390	3.770	4.180	7.720
	圆钢 综合	kg	2.500	2.500	2.500	4.510
	圆钢 $\phi10\sim14$	kg	—	—	—	—
	槽钢 $5^{\#}\sim16^{\#}$	kg	—	—	—	—
	膨胀螺栓 M8	10 套	0.416	0.416	0.416	—
	膨胀螺栓 M10	10 套	—	—	—	0.416
	膨胀螺栓 M12	套	—	—	—	—
	镀锌六角螺栓带螺母 M6×16~25	10 套	0.832	1.040	1.352	—
	镀锌六角螺栓带螺母 M8×30~60	10 套	—	—	—	1.768
	镀锌六角螺母 M12	10 个	—	—	—	—
	六角螺母 M12~16	10 个	—	—	—	—
	六角螺母 M8	10 个	0.424	0.424	0.424	—
	六角螺母 M10	10 个	—	—	—	0.424
	橡胶板 $\delta1\sim3$	kg	0.210	0.262	0.381	0.501
	其他材料费	%	1.00	1.00	1.00	1.00

工作内容：场内搬运、找标高、起吊、对口、找正、找平、制垫、加垫、上螺栓、固定。 计量单位：个

定 额 编 号			4-4-159	4-4-160	4-4-161	4-4-162
项　目			消声弯头安装 周长（mm 以内）			
			3200	4000	6000	7200
名　称		单位	消　耗　量			
人工	合计工日	工日	2.367	2.728	4.732	5.679
	其中 普工	工日	1.065	1.227	2.129	2.555
	一般技工	工日	1.065	1.228	2.130	2.556
	高级技工	工日	0.237	0.273	0.473	0.568
材料	角钢 60mm	kg	9.120	13.520	—	—
	圆钢 综合	kg	5.160	—	—	—
	圆钢 φ10~14	kg	—	7.410	8.520	8.520
	槽钢 5#~16#	kg	—	—	31.400	36.850
	膨胀螺栓 M8	10 套	—	—	—	—
	膨胀螺栓 M10	10 套	0.416	—	—	—
	膨胀螺栓 M12	套	—	4.160	4.160	4.160
	镀锌六角螺栓带螺母 M6×16~25	10 套	—	—	—	—
	镀锌六角螺栓带螺母 M8×30~60	10 套	2.288	2.912	3.952	5.304
	镀锌六角螺母 M12	10 个	—	4.240	—	—
	六角螺母 M12~16	10 个	—	—	0.424	0.424
	六角螺母 M8	10 个	—	—	—	—
	六角螺母 M10	10 个	0.424	—	—	—
	橡胶板 δ1~3	kg	0.695	0.882	1.495	2.168
	其他材料费	%	1.00	1.00	1.00	1.00

十、消声静压箱安装

工作内容：场内搬运、吊装、组对、制垫、加垫、找平、找正、紧固固定。　　　　　　　计量单位：个

定　额　编　号			4-4-163	4-4-164	4-4-165
项　　目			消声静压箱安装　展开面积（m² 以内）		
			5	10	20
名　　称		单位	消　耗　量		
合计工日		工日	3.115	3.419	3.990
人工	其中 普工	工日	1.401	1.538	1.796
	一般技工	工日	1.402	1.539	1.795
	高级技工	工日	0.312	0.342	0.399
材料	六角螺栓带螺母 M8×75 以下	10套	17.689	28.227	45.681
	耐酸橡胶板 δ3	kg	4.442	7.089	11.472
	其他材料费	%	1.00	1.00	1.00
机械	立式钻床 35mm	台班	0.450	0.690	0.738

十一、静压箱制作、安装

工作内容：1. 场内搬运、制作：放样、下料、折方、咬口、开孔、制作箱体、出口
　　　　　　短管及加固框、铆铆钉、嵌缝、焊锡。
　　　　　2. 安装：找标高、挂葫芦、吊装、找平、找正、固定。　　　　　计量单位：10m²

定　额　编　号				4-4-166
项　　　目				静压箱
名　　　称			单位	消　耗　量
人工	合计工日		工日	13.749
	其中	普工	工日	6.187
		一般技工	工日	6.187
		高级技工	工日	1.375
材料	镀锌薄钢板　δ1.0		m²	（11.490）
	角钢　60mm		kg	43.530
	镀锌铆钉　M4		kg	0.100
	密封胶　KS 型		kg	2.600
	洗涤剂		kg	7.770
	白布		m²	0.200
	白绸		m²	0.200
	聚氯乙烯薄膜		kg	0.070
	塑料打包带		kg	0.100
	其他材料费		%	1.00
机械	交流弧焊机　21kV·A		台班	0.300
	剪板机　6.3×2000		台班	0.100

第五章　风管保温工程

说　　明

一、本章内容包括通风管道绝热工程及防潮层、保护层。

二、有关说明。

1. 风管及阀门绝热及防潮层、保护层计算公式如下：

（1）矩形风管：

$$V=（长 + 宽 + 保温厚度 \times 1.033）\times 2 \times 长度 \times 保温厚度 \times 1.033$$

$$S=（长 + 宽 + 保温厚度 \times 2.1 + 0.0082）\times 2 \times 长度$$

（2）圆形风管：

$$V=\pi \times （直径 + 保温厚度 \times 1.033 \times 2）\times 长度 \times 保温厚度 \times 1.033$$

$$S=\pi \times （直径 + 保温厚度 \times 2.1 + 0.0082）\times 长度$$

2. 阀门绝热、防潮和保护层计算公式：

$$V=\pi \times （直径 + 保温厚度 \times 1.033）\times 2.5 \times 直径 \times 保温厚度 \times 1.033 \times 1.05$$

$$S=\pi \times （直径 + 保温厚度 \times 2.1）\times 2.5 \times 直径 \times 1.05$$

工程量计算规则

1. 铝箔离心玻璃棉板（壳）保温，以"m³"为计量单位。
2. 橡塑板保温按保温层厚度不同，以"m³"为计量单位。
3. 缠玻璃丝布、缠塑料布按不同风管周长，以"m²"为计量单位。
4. 玻璃丝布、塑料布为同一子目，其中未计价主材根据实际情况计入。

一、带铝箔离心玻璃棉板安装

工作内容：1. 清扫、刷胶、粘塑料保温钉、剪切、胶带覆盖。
2. 厂内搬运、下料、保温层安装、铝箔胶带封口、垃圾清运、验收。　　　　　　计量单位：m³

定　额　编　号			4-5-1	4-5-2	4-5-3
项　　　　目			带铝箔离心玻璃棉安装 保温厚度（mm）		
			δ=30	δ=40	δ=50
名　　　称		单位	消　耗　量		
人工	合计工日	工日	1.802	1.411	1.140
	其中 普工	工日	0.811	0.635	0.513
	一般技工	工日	0.811	0.635	0.513
	高级技工	工日	0.180	0.141	0.114
材料	铝箔离心玻璃棉板	m³	1.030	1.030	1.030
	铝箔胶带（45mm 卷）	卷	3.480	2.610	2.090
	塑料保温钉	套	560.000	420.000	336.000
	氯丁胶 XY401、88# 胶	kg	0.530	0.400	0.320
	其他材料费	%	1.00	1.00	1.00

二、橡塑板保温

工作内容：厂内搬运、运料、板材切割、清面涂刷、粘接、安装、修理整平、垃圾清运、
验收。　　　　　　　　　　　　　　　　　　　　　　　计量单位：m³

定　额　编　号			4-5-4	4-5-5	4-5-6	4-5-7
项　　　　目			橡塑板安装 保温厚度（mm）			
			δ=10	δ=15	δ=20	δ=25
名　　　称		单位	消　耗　量			
人工	合计工日	工日	7.041	4.686	4.111	3.604
	其中 普工	工日	3.169	2.108	1.850	1.622
	一般技工	工日	3.168	2.109	1.850	1.622
	高级技工	工日	0.704	0.469	0.411	0.360
材料	橡塑板	m³	1.080	1.080	1.080	1.080
	胶黏剂	kg	17.580	11.760	8.650	6.780
	贴缝胶带 9m	卷	5.150	3.310	2.580	2.050
	其他材料费	%	1.00	1.00	1.00	1.00

工作内容: 厂内搬运、运料、板材切割、清面涂刷、粘接、安装、修理整平、垃圾清运、
验收。

计量单位: m³

定 额 编 号				4-5-8	4-5-9
项 目				橡塑板安装 保温厚度(mm)	
				$\delta=32$	$\delta=40$
名 称			单位	消 耗 量	
人工	合计工日		工日	2.978	2.273
	其中	普工	工日	1.340	1.023
		一般技工	工日	1.340	1.023
		高级技工	工日	0.298	0.227
材料	橡塑板		m³	1.080	1.080
	胶粘剂		kg	5.290	4.150
	贴缝胶带 9m		卷	1.530	1.230
	其他材料费		%	1.00	1.00

三、缠玻璃丝布、缠塑料布

工作内容: 厂内搬运、剪布、缠布、搭头粘接、封缝、垃圾清运、验收。

计量单位: 10m²

定 额 编 号				4-5-10
项 目				玻布、塑料布管道
名 称			单位	消 耗 量
人工	合计工日		工日	0.245
	其中	普工	工日	0.110
		一般技工	工日	0.110
		高级技工	工日	0.025
材料	玻璃丝布		m²	(14.000)
	镀锌铁丝 $\phi1.2\sim1.6$		kg	0.030
	其他材料费		%	1.00

附　　录

附录一　主要材料损耗率表

风管、部件板材损耗率表

序号	项目	损耗率（%）	附注	序号	项目	损耗率（%）	附注
	钢板部分			22	泥心烘炉排气罩	12.50	综合厚度
1	咬口通风管道	13.80	综合厚度	23	设备支架	4.00	综合厚度
2	焊接通风管道	8.00	综合厚度	24	塑料圆形风管	16.00	综合厚度
3	共板法兰通风管道	18.00	综合厚度	25	塑料矩形风管	16.00	综合厚度
4	原伞型风帽	28.00	综合厚度	26	槽边侧吸罩、风罩调节阀	22.00	综合厚度
5	锥形风帽	26.00	综合厚度	27	整体槽边侧吸罩	22.00	综合厚度
6	筒形风帽	14.00	综合厚度	28	条缝槽边抽风罩（各型）	22.00	综合厚度
7	筒形风帽滴水盘	35.00	综合厚度	29	塑料风帽（各种类型）	22.00	综合厚度
8	风帽筝绳	4.00	综合厚度	30	空气分布器	20.00	综合厚度
9	升降式排气罩	18.00	综合厚度	31	直片式散流器	22.00	综合厚度
10	上吸式侧吸罩	21.00	综合厚度	32	柔性接口及伸缩节	16.00	综合厚度
11	下吸式侧吸罩	22.00	综合厚度		不锈钢板部分		
12	上、下吸式圆形回转罩	22.00	综合厚度	33	不锈钢板通风管道	10.00	综合厚度
13	手锻炉排气罩	10.00	综合厚度	34	不锈钢板圆形法兰	1.00	$\delta=4\sim10$
14	升降式回转排气罩	18.00	综合厚度		铝板部分		
15	体、分组、吹吸侧边侧吸	10.15	综合厚度	37	铝板通风管道	8.00	综合厚度
16	各种风罩调节阀	10.15	综合厚度	38	铝板圆形法兰	150.00	$\delta=4\sim12$
17	皮带防护罩	18.00	$\delta=1.5$		玻璃钢部分		
18	皮带防护罩	9.35	$\delta=4$	40	玻璃钢通风管道	5.20	综合厚度
19	电动机防雨罩	33.00	$\delta=1\sim1.5$		复合型部分		
20	电动机防雨罩	10.60	$\delta=4$ 以外	42	圆形复合型风管	16.00	综合厚度
21	小型零件焊接工作台排	21.00	综合厚度	43	矩形复合型风管	18.00	综合厚度

型钢及其他材料损耗率表

序号	项目	损耗率（%）	序号	项目	损耗率（%）
1	型钢	4.00	18	玻璃棉、毛毡	5.00
2	安装用螺栓（M12以下）	4.00	19	泡沫塑料	5.00
3	安装用螺栓（M12以上）	2.00	20	方木	5.00
4	螺母	6.00	21	玻璃丝布	15.00
5	垫圈（ϕ12以下）	6.00	22	矿棉、卡普隆纤维	5.00
6	自攻螺丝、木螺钉	4.00	23	泡钉、鞋钉、圆钉	10.00
7	铆钉	10.00	24	胶液	5.00
8	开口销	6.00	25	油毡	10.00
9	橡胶板	15.00	26	铁丝	1.00
10	石棉橡胶板	15.00	27	混凝土	5.00
11	石棉板	15.00	28	塑料焊条（编网格用）	25.00
12	氧气	10.00	29	不锈钢型材	4.00
13	乙炔气	10.00	30	不锈钢带母螺栓	4.00
14	管材	4.00	31	不锈钢铆钉	10.00
15	镀锌铁丝网	20.00	32	铝型材	4.00
16	帆布	15.00	33	履带母螺栓	4.00
17	玻璃板	20.00	34	铝铆钉	10.00

附录二 风管、部件参数表

一、每单片导流片的近似面积见下表。

矩形弯管内每单片导流片面积表

规格 B（mm）	200	250	320	400	500	630	800	1000	1250	1600	2000
面积（m²）	0.075	0.091	0.114	0.140	0.170	0.216	0.273	0.425	0.502	0.623	0.755

注：B 为风管的高度。

二、在计算风管长度时,应减除的长度见下表。

风管部件长度表

单位: mm

项目	蝶阀		止回阀		密闭对开多叶 调节阀		圆形风管防火阀		矩形风管防火阀		
直径 D	—		—		—		—		—		
长度 L	150		300		210		一般为 300~380		一般为 300~380		
项目	密闭式斜插板阀											
直径 D	80	85	90	95	100	105	110	115	120	125	130	135
长度 L	280	285	290	300	305	310	315	320	325	330	335	340
项目	密闭式斜插板阀											
直径 D	140	145	150	155	160	165	170	175	180	185	190	195
长度 L	345	350	355	360	365	365	370	375	380	385	390	395
项目	密闭式斜插板阀											
直径 D	200	205	210	215	220	225	230	235	240	245	250	255
长度 L	400	405	410	415	420	425	430	435	440	445	450	455
项目	密闭式斜插板阀											
直径 D	260	265	270	275	280	285	290	300	310	320	330	340
长度 L	460	465	470	475	480	485	490	500	510	520	530	540

主 管 单 位：辽宁省建设工程造价管理总站
主 编 单 位：艾立特工程管理有限公司
编 制 人 员：孟祥珍　吴宏伟　郑会君　吴家鑫　王伟明　于海志　张双双　王洪嫔　陈　宇
　　　　　　张　颖　李文娜　徐丽男　崔馥洁　郭　勇　马骏骅　秦兰月
审 查 专 家：胡传海　王海宏　胡晓丽　董士波　王中和　薛长立　张　鑫　李　俊　蒋玉翠
　　　　　　余铁明　杨　军　朱小平　王　浩　赵　雷　邵国玮　左琪炜　张　哲
软件操作人员：可　伟　赖勇军　孟　涛

114